クワバカ

クワガタを愛し過ぎちゃった男たち

中村計

光文社新書

プロローグ

衝撃だった。

この世の中に、クワガタの存在によって、遠い南の離島への移住を決断してしまう人がいるとは――。

あれは二〇一五年夏のことだった。私は、千葉県南房総市の外房捕鯨株式会社が開催している「第七回和田浦くじらゼミ」に参加していた。名称に冠せられている和田浦は房総半島の東側、外房に位置し、今も捕鯨が行われている全国でも稀少な地域だ。

私は鯨肉が大好きだし、クジラという巨大な生物にも畏怖を抱いている。それゆえ日本捕鯨の行方にも興味を持っていて、いつか参加したいと念願していたゼミだった。

二日間にわたって鯨類を中心とした自然保護問題に関する座学が行われた。その中で、自然カメラマンの西野嘉憲《よしのり》が沖縄・石垣島の「ある自治体の自然環境保全条例と昆虫採集」というテーマで講義をした。西野は石垣島の伝説の素潜り漁師を撮影した『海人』(平凡社)という写真集で、第三九回土門拳賞の最終候補にノミネートされたほどの実力派である。西野は大阪出身でありながら、長いこと石垣島に住んでいた。

一日目の晩にバーベキュー交流会が設けられており、その席で、私は西野に石垣島への移住を決めたきっかけを尋ねた。西野は少し照れながら、関西弁の抑揚でこう答えた。

「石垣島って、クワガタの固有種が豊富なんですよ」

クワガタ? なんで石垣島?

山梨とかならわかるが、南の楽園とクワガタのイメージがまったくつながらなかった。

固有種とは、つまりその地域にしか生息しない種類のことだ。西野は学生時代、クワガタ採集で石垣島に頻繁に通ううちに、島の自然そのものに惹《ひ》かれるようになっていったのだという。

西野の口から出てきたクワガタの名前は、聞いたことのないものばかりだった。サキシマヒラタクワガタ、ヤエヤマノコギリワガタ、ヤエヤマネブトクワガタ、ヤエヤママルバネクワガタ、チャイロマルバネクワガタ……。

サキシマヒラタクワガタは石垣島を中心とする八重山諸島全域に生息し、「ヤエヤマ」と付く三種およびチャイロマルバネクワガタは石垣島と西表島《いりおもてじま》にしか生息していなかった。

第二次ベビーブームの真っただ中に生まれた私も、一九七〇年代から一九八〇年代にかけて、当時の男の子がそうだったように、カブトムシとクワガタの洗礼を浴びた。そして、種類が多く、シルエットがカッコいいクワガタにより惹かれた。

カブトムシ好きよりクワガタ好きが多いのは、国内にカブトムシはほぼ一種類しかいないのに対し、クワガタは何種類もいて、その大きさや形を楽しめるからだ。現在、研究者によって若干意見は異なるものの、カブトムシは二種類、クワガタは四〇種類以上いると言われている。それぞれ亜種（同一種だが少し形状等が違うもの）を加えるとカブトムシは三種類、クワガタは百種類以上にもなるそうだ。

だが、小さい頃、私が知っていたのはノコギリクワガタ、コクワガタ、ヒラタクワガタ、ミヤマクワガタ、オオクワガタがすべてだった。そして、西野に会うまで、つまりは四十数年間、国内には、この五種類以外は生息していないものだと信じて疑ったことがなかった。

ノコギリクワガタやヒラタクワガタは何種類もいて地域ごと大きさや形が違うなど考えたこともなかったし、ネブトクワガタやマルバネクワガタという種類については見たことも聞いたこともなかった。

西野いわく、鹿児島南端から台湾へと連なる南西諸島は固有種の宝庫で、中でも鹿児島の南、約三八〇キロ地点にある奄美大島から与論島まで八つの島々からなる奄美群島には際立って多くの固有種が生息しており、クワガタ愛好家にとっては垂涎《すいぜん》の地なのだという。どうやら、クワガタの世界は思っていたよりはるかに広大で、奥深く、そして豊饒《ほうじょう》なもののようだった。いったん足を踏み入れたらそう簡単には引き返せないほどに甘美なものであるということが西野の話しぶりから伝わってきた。

そんな夢の楽園・南西諸島における最大のスターはマルバネクワガタだという。秋に発生する珍しい種類で、夜行性。しかも、ライトトラップやフルーツトラップにかかることはほとんどないため、自分の足で探すしかない。

西野が目を輝かせる。

「懐中電灯の光の中、大きなスダジイの木にへばりついてる黒い点が浮かび上がったときの興奮といったらないですよ」

西野は、じつに話し上手だった。最初、それは西野の特性だと思っていた。ところが、この後、何人もの人から同じ印象を受けることになった。クワガタ好きがクワガタのことを語るとき、ほとんど誰もが名プレゼンターになった。このときは知る由《よし》もなかったが、のちに会うことになる「クワガタ沼」に足をとられた人たちの多くは、西野以上に（いい意味で）クレイジーだった。

クワバカ――。

いつの頃からか、私は彼らのことを心の中でこう呼ぶようになっていた。もちろん、精いっぱいの愛情を込めて、である。

人が自分の好きなものを無我夢中で語る姿は、たまらなくチャーミングだ。ただ、クワバカのそれは異様なほど純度が高く感じられ、神々しくさえあった。

私は取材をしながら、話の内容に興味があるのか、そんな彼らの姿をただ眺めていたいだけなのか、たびたびわからなくなった。

私は首都圏下で生まれ育った。あたりは見渡す限り住宅で、森も、山も、川もなかった。近所の原っぱでトンボやカマキリを採集した記憶はあるものの、クワガタを捕まえに行くなどという発想を持ちうる環境ではなかった。夏休みに親の実家に里帰りし、大量のクワガタやカブトムシを捕まえてきたと自慢する友だちが時折いた。彼らが示していたように、当時の私にとって、クワガタの類は「田舎」に行かなければ採《と》れないものだった。

ただし、一年に一度、クワガタやカブトムシに触れられる機会があった。私がまだ小さかった頃、わが家族は夏になると毎年、一週間ほど栃木県の那須高原に滞在した。祖父が勤める会社の保養所があったせいだ。その保養所は古い木造の平屋で、鬱蒼《うつそう》とした森の中にぽつんと建っていた。

早朝や夜、昆虫採集をしにたびたび森の中に入った。スイカの食べ残しをあちらこちらに仕掛けたこともある。だが、それでもクワガタやカブトムシを捕まえたことはほとんどなかった。

こんな山奥でも、そう簡単に捕まえられるものではない——。それが私にとってのクワガタやカブトムシとの距離であり、そのことが一層、憧れを掻《か》き立てた。

那須高原では、採集はできないまでも、お目にかかることはできた。滞在中、寺の境内《けいだい》で開催される朝市を訪れるのが恒例だった。そこへ行くとカブトムシとノコギリクワガタが売っていたのだ。おそらくは七、八〇〇円だったのではないか。やはり人気のクワガタから売れるため、到着が少し遅くなるとカブトムシしか残っていなかった。なので、ノコギリクワガタを買えた年もあれば、しぶしぶカブトムシで妥協した年もあった。

その朝市で、数度、ミヤマクワガタを見かけたことがある。ノコギリクワガタ以上に稀少なミヤマクワガタの最大の特徴は、頭部がまるで王冠のように隆起している点だ。また、細かな体毛が生えているため、つややかなノコギリクワガタと違い、光の角度によって黄金色に輝いて見える。早朝のひんやりとした空気の中、そんなミヤマクワガタの姿を拝することができた日は、幼心にも興奮で心臓が張り裂けそうになったものだ。

ミヤマクワガタは二〇〇〇円ぐらいしたと思う。当時、小学生がペットを買うために支払う金額としてはあまりに高額で、かつ、どこか恐れ多い気持ちもあり、ねだったことはなかった。

熱病にかかったかのようなクワガタの季節は、中学生になり、部活動に忙殺されるようになると、私の中からすっかり消えてなくなった。

ところが、消滅したと思っていたクワガタへの思いは、ただ、蓋をされていただけだった。西野の話を聞き、眠っていたクワガタへの強烈な憧憬が蘇った。もう一度、「小学生時代」をやり直そうと思った。

この本は、愛すべきクワバカたちの本であり、私の追憶の書でもある。そんなものが本として成立するのだろうかという逡巡は常にあった。だが、こう信じることにした。私が敬愛する漫才師、ナイツの塙《はなわ》宣之《のぶゆき》は言っていた。好きな人が好きなことをしゃべっているだけでボケになる、と。「ボケ」は「本」に置き換えることができる。もっと言えば、あらゆる作品にこれは共通することなのではないか。

前置きが長くなったが、さっそくクワバカどもの禁断の世界の扉を開けてみたいと思う。引き返すのなら、今である。

クワバカ　目次

第2章　戦うために生まれてきた　147

第1章

魔性のクワガタ

クワガタ界のカリスマ

魔性のクワガタ――。

クワガタ愛好家を狂わせることから、そう呼ばれるクワガタが存在する。それがマルバネクワガタだ。

マルバネクワガタ界隈の話になると、必ずといっていいほど「サダキ」の名前が挙がった。定《さだ》木《き》良介《りようすけ》。一九七〇年、東京生まれ。

定木はマルバネ採集家の間では、どこか神のような扱いを受けていた。彼らが「定木さん……」と口にするとき、そこには最大限の畏敬の念が付着している。

のちに定木と頻繁にコンビを組むことになる杉原英行《ひでゆき》が言う。

「僕らの世代にとって、定木さんは、ひと言でいうとカリスマ。たとえば僕がポイントを案内しているのに、僕より成果を上げる。センスというか、嗅覚が人と違うんだと思います。かといって、絶対にそれを自慢したりしない。杉原君のお陰で……って言ってくれる。基本、無口な人なので、近寄りがたい雰囲気もありますけど、一対一になるといろんなことを教えてくれますしね」

　また、プロローグで登場したカメラマンの西野は、定木の「研究者」としての側面をこう評価する。

「虫屋は、世間ではコレクターの部分ばかりが強調されますが、在野の研究者の役割も担ってます。その意味において、定木さんは、絶対に嘘をつかないし、誇張しない。それは研究者にとって欠かせない資質だと思います。寡黙で、禁欲的なので、とっつきにくい印象もありますが、どこまでも真面目で、始めたことは途中で投げ出せない人」

　私が定木に初めて会ったのは、二〇一七年暮れだった。

　マルバネに一度は身を焦《こ》がした経験を持つクワガタ屋たちの忘年会が毎年、都内で開催されている。その会に私も参加させてもらったのだが、そこに定木もいた。

　初めて見た定木は、うわさ通り、物静かな印象を受けた。大声を出すわけでもなく、談笑するわけでもない。自ら誰かのところへ話しかけに行くのではなく、寄ってきた人と淡々と言葉を交わしていた。

　そんな冷静さの中にある「熱」を知ったのは、翌年春、インタビューをさせてもらったときだった。定木は沖縄県那覇市近郊に住んでいた。定木も南西諸島のクワガタに魅せられ、

マルバネ採集家たちが「カリスマ」と表現する定木良介氏

移住を決意したうちの一人だった。

最初のインタビューは沖縄の、いかにも沖縄風な居酒屋で酒を酌《く》み交わしながら行った。その席には、定木のクワガタ仲間である林《はやし》辰彦《たつひこ》も同席した。林は沖縄でインセクトマートというクワガタをメインとした昆虫ショップを経営していて、定木より六歳年下だった。林は定木とは対照的に弁が立ち、いかにも才気走っていた。仲間内では「将来、どんな大物になるのか」と噂になっていたというように、ビジネスマンになっていたら、とんでもない成功者になっていたのではないかと思わせるような人物だ。

マルバネに対する経験、実績、執着。この三項目で総合得点をはじき出したら、おそらく定木と林は日本全国で一位、二位になる。マルバネ採集家の中では、双璧といっていい存在だった。

取材現場は三人して、生のオリオンビール一本鎗。なみなみとビールが注がれた中ジョッキが、気持ちいいくらいに次々と空になっていった。スタートが遅かったこともあり、あっという間に夜一二時を回る。そんな中、定木は酔った様子もなく、静かに燃え続ける熾火《おきび》のように語り続けた。

その様子は、クワガタ採集のときも、きっとそうなのだろうなと想像させた。ペースを変えず、だが粘り強く、目的達成のために燃料を燃やし続ける。

定木は東京都板橋区で生まれ育った。物心ついた頃から生き物が好きだったが、周りに昆虫採集ができるような自然はなく、私と同じように、近所の原っぱでバッタを捕まえるくらいのことしかできなかったそうだ。

ただ、片思いほど思いが募るのと同じように、手が届かないという状況がクワガタへの憧れを強くした。

かつて「キング・オブ・クワガタ」「幻のクワガタ」と呼ばれたオオクワガタ

そんな定木に運命の一歩を踏み出させたのは、高校時代に手に取った一冊の本だった。

「ポケット図鑑のような本だったんです。『クワガタ・カブトムシ』みたいなタイトルだったと思います。子ども向けの本かと思ったら、そこには、どこに行けば、どんな種類のクワガタが採れるか書いてあったんです。オオクワガタの産地として、日《ひ》野《の》春《はる》とか韮崎《にらさき》の名前が出ていて。なんだ、山梨県かと。それまで雲の上の存在だったオオクワが、急に身近な存在になった気がしたんです」

伝説の書『月刊むし』1986年7月号。この特集がブームの起源

たゆまぬ情熱で虫界を支え続ける「巨人」藤田宏氏

オオクワガタと言えば、かつては間違いなくキング・オブ・クワガタだった。

幻のクワガタと言われ、長い間、その生態は謎に包まれていた。ところが、一九八〇年代に入り、コアな愛好家たちの間で、頻繁に日本全国の捕獲情報が飛び交うようになった。

一九七一年創刊の昆虫専門誌『月刊むし』（むし社刊）が一九八六年七月号において、初めてオオクワガタ特集号を組んだことがエポックメイキングになった。編集長であり、むし社の社長でもある藤《ふじ》田《た》宏《ひろし》が思い出す。

「月刊むしは、アカデミックな内容が多いんです。なので、たまには気休めで、ちょっとミーハーなテーマでつくってみようかなとオオクワ特集を組んだ。そうしたら、いつもは三千部ちょっとだったのに、二万部くらい売れたんです。二トントラックで三台分ぐらいあったかな。それが業界で噂になり、一気に六誌ぐらいクワガタ雑誌が創刊されたんです。今はもう全部、なくなっちゃいましたけど」

昆虫の世界では、愛好家のことを「虫屋」などと呼ぶ。クワガタやカミキリムシを始めとする甲虫の専門家は「甲虫屋」、クワガタにしか興味を示さない人は「クワガタ屋」といった具合だ。

藤田の得意分野はクワガタとカミキリムシで、これまで百種類以上の新種を発見している。つまり「甲虫屋」だ。藤田は虫屋の世界では知らぬ人のいない権威であり、巨人だ。一見すると、紳士的で穏やかだが、虫への情熱はやはり常軌を逸したものがあり、図鑑や書籍など何冊もの著書を持つ。

一九八六年の『月刊むし』オオクワガタ特集ですでに「黒いダイヤモンド」という表現が使われている。この頃はまだ稀少性を表現する言葉だったが、のちにオオクワ売買がエスカレートしてくると、メディア等では高額であることの代名詞として定着していくことになる。

もちろん、この頃から、マニアの間では、すでに高額で取り引きされるようになっていた。一九八九年のあるショップの生きている状態のオオクワ販売リストを見ると、「六五ミリ、四万五〇〇〇円」「六六ミリ、五万四〇〇〇円」「六七ミリ、六万四〇〇〇円」「六八ミリ、七万五〇〇〇円」「六九ミリ、八万七〇〇〇円」となっている。

六五ミリ以降はきれいに約一万円ずつ上がっていき、六九ミリになるとその値上がり率が少し高くなる。このリストは六九ミリまでしか載っていなかったが、おそらく七〇ミリになったら安くても一〇万円はしたはずだ。そして、七〇ミリからの一ミリアップは、下手したら倍額になっていくくらいの価値があった。

ひとまず、七〇ミリのオオクワガタというのは、その頃、クワガタ屋の一つの究極の夢だった。そのクラスの個体は、生涯をオオクワ採集にかけて採れるか採れないかというラインだ。

そうした投機性も相まって、定木が高校生になった頃、オオクワ採集は大人の遊戯として急速に広まっていった。

今の何十倍も情報が貴重だった時代、オオクワ採集というマニアな世界の情報は子どもが簡単に触れられるようなものではなかった。

それだけに、山梨にオオクワガタが生息しているという情報を得ただけで、定木は金庫の鍵を手に入れたような気分になった。

「まあ、錯覚だったんですけどね。それから大変でしたから……」

定木が真っ先に目指したのは山梨県韮崎市だった。大阪府能勢《のせ》町、佐賀県筑後川《ちくごがわ》流域と並びオオクワガタ三大産地と呼ばれる中の一つで、関東におけるオオクワの聖地である。いずれの地もオオクワガタの発生木である良質なクヌギが豊かだという共通点がある。

関東のクワガタ愛好家たちは、当時、シーズンになると大挙して韮崎に押し寄せた。定木が話す。

「クワガタ好きの原点は、オオクワガタ。『〇時一分新宿発下諏訪《しもすわ》行き』というのがクワガタ仲間の合言葉になっていましたから」

「〇時一分新宿発下諏訪行き」というセリフが淀みなく出てきたことからも当時の記憶の鮮烈さがうかがえた。定木が続ける。

「三時間ぐらいかけて、夜中に韮崎に着くんです。そうすると、いかにもそれっぽいやつが一緒に降りたりする。脚立をかついでいたり。そういう僕もかついでいましたが。そうやって知り合うというのが、当時、唯一の仲間のつくり方でしたね」

　私が小学生だった頃、オオクワガタは稀少なだけでなく、採集自体、ほぼ不可能だというようなニュアンスで語られていた。

　とても大人しく、普段、木にできた洞《うろ》（穴）の裏などに身を隠しているため、人目に触れることがない。誰も入ってこない山奥の、誰の目に触れることもないクヌギの中でひっそりと眠り、誰の目に付くこともなく静かに生命を全うする。それがオオクワガタのイメージであり、私の中では、生涯お目にかかることなどないだろう、正真正銘の幻のクワガタだった。

定木が答える。

「そうそう。オオクワガタというのは、木の裏側というか、洞の中に潜んでいるんですよ。それが夜になると餌を食べに出てくる。夜中、森の中を歩き回って、その瞬間を狙ってました」

――それで、けっこう採れたんですか？

「いや、採れないです」

――一年に？

「何匹か……ですね」

その労苦を想像するだけで、ため息が出た。

「大変だったんですよ。でも、その大変さがまた魅力で、みんなハマったんじゃないかな」

ギネス競争

定木は自らを「変な者」とカテゴライズする。

「昆虫採集というのは、昔から学問の一つとして、アマチュアだったり、学者が親しんできたものなんです。もちろん、今もその流れはあるんですけど、それ以外に、僕らのようにただ単にでかいものが欲しいみたいな変な者たちが出てきた」

　クワガタ関係の資料を読んでいると、頻繁に「ギネス」という言葉に出くわす。〈おしくもギネスにならず!!〉〈ついに手にしたギネス越えの個体〉〈ギネスにあと１㎜〉といった具合だ。

　ただし、これはいわゆる「ギネス世界記録」のことではない。したがって、ギネスブックに掲載されることもない。

　クワガタ屋の中に「ギネス」という言葉を浸透させ、採集熱をあおったのは、やはり『月刊むし』だった。

　『月刊むし』は一九八六年一月号で、「昆虫ギネスブック⑤　日本産クワガタムシ」という企画を掲載した。オオクワガタ特集を出す半年前のことだった。「⑤」、つまり、昆虫ギネスブック第五弾だった。

　第一弾から第四弾はそれぞれ一種類ずつクワガタを取り上げたのに対し、第五弾の日本産クワガタムシ編ではそこそこ大きい全四〇種の最大個体の全長と保持者の一覧表を掲載した。

藤田が企画の意図を話す。

「その頃、オオクワガタの世界では、一ミリでも大きいとそれだけで偉いみたいな感じになっていた。なので、いっそのこと全部の種類をやったらおもしろいかなと」

同企画は大好評を得て、以降、一年一度の恒例企画となっていく。一回目は、スタッフが知り得る範囲で調査したものを載せ、二回目からは読者の申告を待つ形にした。そうして、むし社が「日本でいちばん」のお墨付きを与えたものを「ギネス」と呼ぶようになっていった。

どんな分野もそうだが、競争原理を持ち込むと、その世界のレベルはたちまち飛躍する。このギネス競争がクワガタ屋を熱狂させ、同時に、あらゆる日本産クワガタの細かな生態等、未知の部分の解明が一気に進むことになる。

大きいのを採ったやつの方が偉い。ギネスを追いかけるクワガタ屋の評価基準は、この一点のみだ。

彼らのおもしろいところは、互いに学歴や仕事や家族構成など、ほとんど知らないことだ。私が、あるクワガタ屋を取材しているときに、他の採集者を引き合いに出しつつ、その人の経歴や家族構成に触れると、だいたい「知らなかったです」といかにも関心なさそうに答えるのだ。何十年も付き合ってきて、そんなことがあるのかと驚いたものだが、彼らにとって関心があるのは、この人は、どこで、何を、どのようにして採ったかということだけなのだ。

虫屋同士の会話は、まるで小学生同士の自慢大会のようなものだと藤田は笑う。

「僕なんかも養老孟司（解剖学者）さんや池田清彦（生物学者）さんなんかとよく集まるんです。養老さんは東大の先生で、池田さんは早稲田の先生ですよ。もう一人、慶應大学の先生もよく来るんですが、日本料理屋なんかで食事をしていても、俺が採ったカミキリの方が大きいだの、カッコいいだの、ずっとやってますから。仲居さんが料理を持ってきてくれても、眼中にない。みんないい歳で、社会的立場もあるのに、話してる内容はガキんちょと同じ。小さい子と精神年齢はぜんぜん変わらないんです。バカみたいでしょう？」

バカみたいだ。だが、男はどこかバカでい続けたい生き物でもある。

色彩が豊かなもの、たとえばチョウ類などは、発色具合や柄の違いで標本の価値が決まる。そこへいくと国内産のクワガタは色が単調だ。となると、争うポイントは大きさしかない。美しさを競うのであれば、それはどこまでも主観だ。明確に優劣をつけることはできない。ただし大きさは徹頭徹尾、客観である。問答無用、数字がすべて。クワガタギネス企画は、その明快さが受けたのだ。

東京農大で生物学を学び、石垣島に移住し四十年以上経つ花谷達郎《はなたにたつお》は、石垣島の山なら夜、懐中電灯なしでも歩けると噂される昆虫採集の達人で、もはや仙人のような趣だ。花谷のもとにはかつて何人ものクワガタ屋が駆け込んだ。

「僕は覚えてないけど、向こうは覚えてるという人は、いっぱいいるだろうね。クワガタのギネス企画は画期的だった。国産クワガタを全種類集めるというんだったら、四〇ちょっとだからすぐに集まっちゃう。でも、大きさは永遠に追い求められる。それで、ズブズブと足を取られて、人生を誤ってしまったのがいっぱいいるよ」

同じ甲虫屋でも「カミキリ屋は知識、クワガタ屋は根性」だと言われる。カミキリは国内に八〇〇〇種くらいいるので、採り方が多様なのだ。一方、クワガタは種類が少ないので何パターンか採り方を覚えてしまえば、あとはどこまで突っ込めるかにかかっているからだ。

ギネス企画がスタートした年、定木は高校生になっている。

「むし社の藤田社長は単なる遊び心で始めたと思うんですけど、それにやられたのが僕らなんです。そこに名前が載っている採集者は、僕にとって別世界の人たち、最初のスーパースターでしたから」

定木は十代半ばから取り憑《つ》かれたかのようにオオクワ採集に明け暮れた。2シーズン目には、六八ミリというビッグサイズも手にした。このまま経験を積んでいけば、七〇ミリも決して夢ではないという手応えもあった。ところが八〇年代後半、四、五年目あたりから、定木の情熱に陰りが見え始める。

その原因は採集ブームと並行して盛り上がりを見せつつあった養殖ブームだった。つまり、人工飼育だ。藤田はクワガタ屋の特異性をこう話す。

「『月刊むし』の読者は、採集に行って、それを標本にして、それをレポートするのが生き甲斐。ただ、クワガタ屋の多くは採集より飼育が好きなんですよ」

オオクワ採集はビジネス性が射幸心をあおったこともあり、一九八〇年代後半から、乱獲の憂き目にあう。「材割り採集」と言ってオオクワが好んで住みかとする朽木をオノで粉々にする。あるいは、そうした発生木の周りを掘り起こし幼虫を一網打尽にする。生息環境そのものを破壊してしまう手荒な採集が目立つようになってきたのだ。結果、採集が難しくなり、そのことも養殖ブームに拍車をかけた。

もちろん、養殖においても、メインテーマは大きさへの挑戦だ。生育過程で自然界では得られないような栄養価の高い餌を与える。また、大きいオスとメスを意図的に掛け合わせるだけならまだしも、そこに外国産オオクワガタを掛け合わせる者まで現れた。ここまでくるともはや品種改良である。そうして、自然界では存在しえないようなサイズの個体が出現するようになっていった。

ちなみに現在、養殖もののオオクワガタの最大記録は九〇ミリオーバーである。かつてクワガタ屋の夢の代名詞だった七〇ミリのオオクワは、今なら、ネットオークションで千円ちょっとで手に入る。

もちろん、楽しみ方は人それぞれだが、「それぞれ」が接点を持ち始め、オオクワの世界が妙な方向へ走り出そうとしていた。野外品至上主義者の定木が言う。

「養殖好きと採集好きが、きちんと棲《す》み分けができているうちはいいと思ったんです。でも、その境界線があいまいになり始めていた。九〇年代に入って、徐々に恐れていたことが現実になってきちゃったんです」

養殖した大型個体を野外で採集したものだと偽る者たちが現れたのだ。藤田が話す。

「世の中には目立ちたいだけという人もいるんでしょうね。あと、ギネス認定されれば、ギネス血統という箔《はく》がつきますからね。そうすると、その個体の血を引いた養殖クワガタが高く売れたりするわけですよ」

野生個体と養殖個体の識別は事実上、不可能である。ただ、一流の虫屋であれば、その採集状況などを聞けば嘘かどうかはだいたいわかるという。ただ、本人にそれを言うわけにもいかない。それゆえ、むし社では黙ってギネス認定を見送ったことが何度もあるそうだ。

オオクワの人工飼育は比較的容易で、環境さえ整えれば素人でも一年で十頭くらいは簡単にブリードできる。となると当然、すぐに飼い切れなくなり、個体を野生に放す者が現れた。つまり、「放虫」だ。

定木同様、かつてはオオクワ採集に血道をあげた林が語る。

「今だと、荒川（埼玉から東京を流れる一級河川）沿いのヤナギに七十何ミリのオオクワガタがくっついていたとか。そんなの、絶対、放虫じゃないですか。アマチュアの人ほど、よかれと思ってやってしまうんです。自然に帰してあげよう、と。山梨県産のものだったら、山梨までドライブがてらやって来て、放してやるとか。その結果、インターチェンジの近くで大きいのが採れちゃったりする。捨てるなら近い方が楽ですからね」

定木や林がオオクワ採集に明け暮れている頃は、まだ、そこまでの珍現象は起きていなかった。ただし、近い将来、現在のような状況になっていることは容易に予想できた。そのことが定木とオオクワの蜜月関係に亀裂を生じさせた。

「野外品だからこそ、惹かれるわけですからね。養殖ものを否定するわけではありませんが、僕にとって養殖品はレプリカみたいなもの。今でも、野生のオオクワしかいないという場所があれば、またチャレンジしてみたいですけど、あまりにも放虫が多過ぎて……。そんなもん採っても、しょうがないじゃないですか」

定木がオオクワから離れた頃から、むし社では、オオクワガタのギネス認定は実質、行われなくなった。採集者が嘘をついていなくとも、もはやどんな天然個体も、放虫個体と交配していないとは言い切れなくなってしまったからだ。

オオクワガタの野生ギネスの記録は今も一九八一年に鈴木良廣によって採集された七六・六ミリのままだ。藤田が話す。

「オオクワの個体で不純物が入ってないと言い切れるのは、ぎりぎり八〇年代のものまでじゃないかな。だから、僕が図鑑で写真を使うときも、なるべく八〇年代のものを使うようにしています。鈴木さんが採集した頃は、まだ養殖も行われていなかったし、採集を証明してくれる証言者もたくさんいましたからね」

離島へ

定木の中で、オオクワの季節は去った。だが、クワガタへの情熱そのものが覚めたわけではなかった。

新しい道を示してくれたのは藤田の著書『日本のクワガタムシ』（講談社）だった。子ども向けの初めての本格的なクワガタ図鑑だった。

「初めてあの本を読んだときは、なんなんだろうと思いましたね。日本にこんな種類のクワガタがいるんだ……と思いましたから」

そこには離島を含め日本に生息するありとあらゆるクワガタムシの標本写真が掲載されていた。

また、その頃、定木ら国産クワガタ採集者を虜《とりこ》にした書物があった。一九八九年に一号を発表した『ＫＵＧＡＭＵｓ』という同人誌だ。日本産クワガタギネスの記録保持者の常連である吉田賢治《けんじ》が手掛けた雑誌だった。

全一六ページ、定価は八〇〇円。創刊号は、八丈島から長崎県対馬《つしま》まで一カ月に及んだ夏の採集記録、オオクワガタの飼育に関するレポート、オオクワ採集記録等の雑感、そして最後の三ページには吉田が収集したクワガタの販売リストが掲載されていた。

定木に道を示した、藤田宏の労作『日本のクワガタムシ』（講談社）

一般書店には置いてなく、定木は当時、渋谷の宮益坂にあった「志賀昆虫普及社」（現在は品川区に移転）という採集および標本用具の専門店で同書を入手していた。

それまでクワガタ屋の主な情報源は『月刊むし』くらいだった。ただ、同誌は昆虫全般を扱う学術書のような位置づけであり、しかも毎号、定木が欲するクワガタ情報が載っているわけではない。それに対し、『ＫＵＧＡＭＵｓ』は採集者目線で貫かれていて、しかも最初から最後まで国産クワガタの情報に絞られていた。

鹿児島の南、屋久島と奄美大島の間に点在するトカラ列島の宝島で捕まえたタカラヒラタクワガタ。同じくトカラ列島の悪石島《あくせきじま》で採集したトカラノコギリクワガタ。または福岡県の北にある対馬で見つけた巨大なツシマヒラタクワガタ。情報に飢えていた定木は干天の慈雨のごとく、一言一句を吸収した。

『日本のクワガタムシ』で知ったクワガタたちがより身近に感じられた。定木が思い起こす。

「宝島なんて、小説の世界にしか出てこないような名前の島が日本にあるわけですよ。海外だとなかなか行けないですけど、国内なら何とかなりそうじゃないですか」

聞いたこともない島に、聞いたこともないクワガタが存在する。採集をメインとするクワガタ屋にとって、これほど好奇心をくすぐられる舞台装置はない。彼らにとって「宝島」を

タカラヒラタクワガタ（撮影／西野嘉憲）

トカラノコギリクワガタ

ツシマヒラタクワガタ（撮影／飯島和彦）

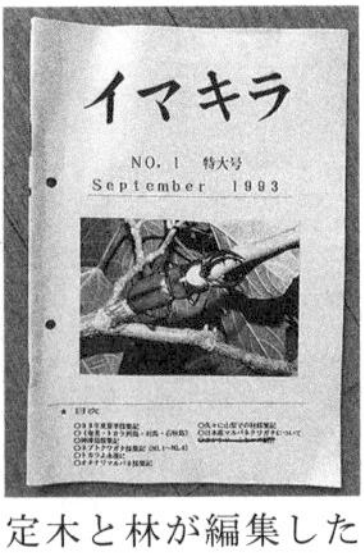

定木と林が編集した『イマキラ』

始めとする離島は文字通り宝の島だった。

クワガタやカミキリが生息するほとんどすべての離島へ行った経験を持つ藤田は、喜々として語る。

「僕、よく言うんですよ。目隠ししたまま、どこの離島でもいいから、連れていってもらったとしますよね。それで山に入って、そうですね、一時間も虫を見たら、どこの島かわかると思いますよ。日本の離島は、それくらい島ごと、昆虫相に特徴があるんですよ」

定木と林は、この後、一九九三年に『イマキラ』というコピー機で刷った同人誌を発行する。その形態は『ＫＵＧＡＭＵｓ』を模倣したものだった。彼らも採集体験記をメインにし、ページの間に標本の販売リストのチラシを挟み込んだ。採集記は、販売する個体の信ぴょう性を高める役割も果たす。国内とはいえ離島での昆虫採集は何より遠征費が嵩《かさ》む。そのための費用を定木らはこうして捻出するようになった。

この頃、『ＫＵＧＡＭＵｓ』と『イマキラ』は、日本産クワガタを追いかける採集者にとってバイブルのような存在となっていく。読者はそこから採集方法を学ぶと同時に、資金の調達方法も学んだのだった。

定木が初めて離島へ渡ったのは一九九一年夏だった。

九一年六月、伊豆諸島のうちの一つ御蔵島《みくらしま》を訪ねた。東京・竹芝桟橋から御蔵島行きのフェリーが出ている。直線距離にして約二〇〇キロ、乗船時間は七時間二五分だ。

御蔵島は人口三二八人（二〇一六年六月）の小さな島だ。周囲は一六・四キロ、面積は二一平方キロメートル。関西国際空港ほぼ二つぶんくらいの大きさだ。離島採集デビューを飾るには、手ごろな島だった。

　クワガタの本格的なシーズンは、一般的には小学校の夏休みのイメージが強い。私も、そんなに都合よく自然界ができているはずもないのに、クワガタ採集に適しているのは七月下旬から八月いっぱい、つまり、夏休みとぴったり重なっているものだとばかり思い込んでいた。

　種類にもよるが、実際は、八月に入るとなかなか採れなくなる。本州の場合、クワガタの多くは夏が本格化する前の五月下旬あたりから発生し始める。梅雨明けから七月中旬くらいにピークを迎え、そこを過ぎると緩やかに下降線をたどる。

　今にして思えば、小さい頃、もはやクワガタもカブトムシもほとんどいないだろう時期に、フルーツトラップとしては適さないスイカなどで（もっとも適しているのはバナナかパイナップル）、素人が捕まえられるはずがなかったのだ。

ターゲットは御蔵島と神津島《こうづしま》にしか生息しないミクラミヤマクワガタだった。御蔵島には他にも、ミクラノコギリクワガタ等、非常に珍しいクワガタが生息しているが、現在は島全体が自然保護区に指定され、すべての生物が採集禁止になっている。

ミクラミヤマは一九六〇年に新種として論文に記載されたばかりのクワガタだった。クワガタのように目立つ昆虫で、かつ採集もそれほど困難な種ではないにもかかわらず新種記載が遅れたのは、単純に虫屋が御蔵島に行ってなかっただけの話だという。

当時、日本のクワガタ分野の分類学は非常に遅れていた。しかし、六〇年経った今では七千近い島々からなる日本において、新種はほぼいないと言われている。東京からおよそ一二〇〇キロ、太平洋戦争時に激戦の舞台となった硫黄島《いおうとう》（小笠原諸島）も、定期航路がないにもかかわらず、すでにクワガタ屋によって調査が行われているくらいだから、おそらく日本全国津々浦々、もはや未開拓の島はないだろう。

日本はそもそも分類学後進国だった。分類学とは、簡単に言えば、オオクワガタをオオクワガタ、アゲハチョウをアゲハチョウと命名し、混沌としていた生物たちを科学的根拠に基づき系統立てることだ。藤田が説明する。

「欧米の分類学の歴史は、だいたい二六〇、七〇年ある。日本でいえば、田《た》沼《ぬま》意《おき》次《つぐ》の頃に始まってますから。そこへいくと日本の分類学はせいぜい一〇〇年ちょっと。倍以上、歴史の違いがあるんですけど、今は日本が逆転しちゃった感じですね。『月刊むし』は五〇年続いているんですけど、日本以外で、学会誌はあっても、月刊の昆虫雑誌が出ている国なんてないと思いますよ」

定木らの世代は、言ってみれば、国産クワガタ分類学の総仕上げをしたといっていい。

定木が初めて離島に渡ったとき、すでに二〇歳になっていた。大学へは行かなかった。

「（クワガタ採集の）あまりの衝撃に、ドロップアウトしちゃったんですよ、人生を。予備校も通ってましたが、途中から、ほとんど行かなくなってしまいました。とんでもない人間なんですよ、僕は。数いるクワガタ屋の中でも、最低の部類でしょうね」

不器用なのだ。世間とうまく折り合いをつけることができない。ただ、器用な人間がたどり着ける境地などたかが知れている。クワガタ採集において、定木の不器用さは武器になった。

カメラマンの西野の言葉が思い出される。

「定木さんは、これをやるといったん決めたら、常に全身全霊なので、他のことをやる余裕がなくなってしまうんです」

新型コロナの流行中、定木とテレビ電話で話したことがある。そのときの定木は、髪はこれ以上ないほどぼさぼさで、髭《ひげ》は伸び放題だった。人と会う機会がなく、しかも自分の部屋でくつろいでいるときの定木は、こんなにも無頓着なのだ。そのときは驚くというより、あまりにもイメージとぴったり重なったため、少し嬉しくなってしまった。

私が会ったクワガタ屋たちは、ある意味で、初恋をかなえた人たちだ。小さい頃から虫を思い続け、その思いを成就《じょうじゅ》させている。クワガタ屋がクワガタのことを語るとき、まったく屈託を感じさせないのはそのことと無縁ではない気がする。

定木は自らを「最低の部類」と自嘲するが、その意味では、この上ない幸せ者でもある。そう向けると、ごく控えめに言った。

「自分の好きなことができれば多くは望まない、ということであれば。まあ、慎ましい生活でいいというのであれば、ですけど」

離島でのクワガタ採集は定木に新たな感動をもたらした。初めて六八ミリというオオクワの大型個体を手にしたときもそうだったが、心を揺さぶられる出来事に遭遇するたびに、定木はこの道の深みへはまっていく。それからはシーズンが到来すると、日本各地の島々を転々とするようになる。

一九九三年夏にも、心が震えるような体験をした。六月に入ると、定木は仲間と二人で鹿児島県の南にある奄美大島に入った。そこで何日か採集をしたあと、トカラ列島に渡る。

鹿児島に属する離島といえば屋久島と奄美大島が有名だが、トカラ列島は、その間に米粒のように浮かぶ一二の島々を指す。うち七島は人が住んでいるが、残りの五島は無人島だ。もっとも大きな中之島でさえ面積は三四・四二平方キロメートル、人口は一五八人。人口百人を超えるのは中之島を含む三島だけで、それ以外の島は六〇人前後の人たちしか住んでいない。

交通手段は鹿児島港と奄美大島間を週二、三回、行き来しているフェリーのみ。一六時間二〇分かけて、人が住む七つの島々に寄港していく。

トカラ列島一二島のうち、八島で固有種のクワガタが確認されている。定木はそのうち宝島と悪石島《あくせきじま》で採集を行った。

最初に訪れた宝島には唯一、タカラヒラタクワガタが生息していた。タカラヒラタは昼行性だが、フルーツトラップは通用しない種だった。そのため気温が高い日中に、タカラヒラタが集まるタブの木を求め島中を歩き回った。

そして、ある日、ものすごく大きなタカラヒラタがタブの木の樹液を吸っているのを見つけた。宿に戻り計測してみると、七〇ミリを超えていた。それまでのギネス個体は、吉田賢治が採集した六八・三ミリだった。それを二ミリも上回る超特大の個体だった。

吉田が『KUGAMUs』（№5）に〈オオクワガタ70㎜＝タカラヒラタ65㎜といったところだろう〉と書いていることからも、タカラヒラタの七〇ミリがいかに規格外の個体であるかがわかる。この個体は三〇年近く経った今も最大記録の座を守り続けている。

定木は淡々と振り返る。

「クワガタ採集をちょっとでもやったことがある人ならわかると思いますけど、ギネスなんて採れないのが普通なんです。僕らなんて、その頃、クワガタの世界では、まだまだ駆け出し。大きいとは思いましたけど、測るまではギネスなんて、想像もしませんでした。今にして思えば、あそこから大いなる勘違いが始まったわけですよ。才能あるんじゃないかと。勘違いでしたね、完全な」

定木の採集者としての才能は誰もが認めるところだが、唯一、本人だけはいつだってこう否定するのだ。

ギネス個体の採集場所は、宝島内でもっとも標高が高い二九二メートルのイマキラ岳だった。その年の秋、定木や林が発行することになる小冊子『イマキラ』の名は、じつはこの記念すべき出来事に由来している。感情表現の乏しい定木だが、定木の喜びが素直に伝わってくるエピソードだ。

一つの成功体験が、定木の心に弾みをつけた。そして、離島採集の、いや、クワガタ採集の、いや、もっと大きく言えば、人生の究極の目標にたどり着く。

それがマルバネクワガタだった。

一ミリでも、〇・五ミリでも大きなマルバネクワガタを見つける——。そのことに定木は二〇代からの二十数年間、つまり、人生の黄金期のほぼすべてを捧《ささ》げることになる。

「いったら、ほんの遊びに人生を賭けてしまった。僕は、そのいい例なんです」

図鑑『日本のマルバネクワガタ』

おそらく、よっぽどのクワガタ好きでなければ、マルバネクワガタなど見たことも聞いたこともないだろう。

ここに一冊の図鑑がある。その名もずばり『日本のマルバネクワガタ』。Ａ４判のハード

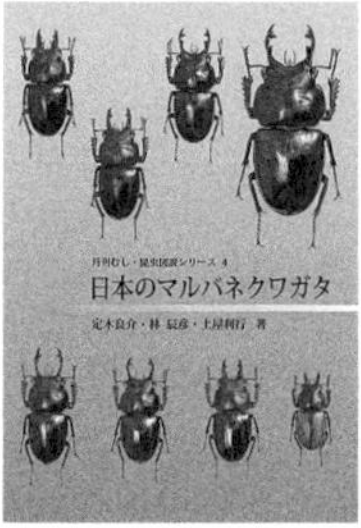

執念の書『日本のマルバネクワガタ』

カバー、厚さは一・八センチ。装丁の豪華さとジャンルのマイナー感のギャップからだろう、作り手たちの尋常ならざる執念が伝わってくる。定木と林は、この図鑑の著者でもある。

　版元は、むし社。値段は七八〇〇円なり。ゴーサインを出した藤田が自慢げに語る。

「うちはオタクの殿堂みたいな会社なので。オタクを極めた人の本をけっこう出してるんです。でも、この図鑑は会社としても、それなりの利益は出ました。八〇〇部くらい刷って、完売しましたから。さすがに増刷の予定まではないですけど」

　どんな種類の昆虫図鑑であっても、それを手にし、関係者の前で決して吐いてはいけない言葉がある。それは「高いっ！」だ。十中八九、無知も甚《はなは》だしいと心の底から軽蔑される（反対に「安いですね」と言えば、一瞬にして仲間意識が芽生える）。

　正直に告白すれば、私も最初は買うのに少し躊躇《ちゅうちょ》した。ただし、図鑑はすべて実物の標本写真で構成されている。今となっては、これだけのものをつくるのに、いったいどれだけの金銭と労力と、そして、どれだけの狂熱が注がれたのかを想像するだけで、身震いがする。心の底からこう言える。「激安だ」と。大げさな話ではなく、関わった人たちにとっては、この図鑑は生きた証である。

参考までに、同じくむし社から出ている『世界のクワガタムシ大図鑑』は、図版版（標本写真）と解説版の二冊セットで、四万六〇〇〇円である。著者は社長の藤田だ。

世界一四一四種のクワガタが網羅されており、序文を担当した養老孟司は〈日本の図鑑が世界の水準を抜き、もはや独走態勢になってしまった〉と激賞している。標本をコレクターに販売する人を標本商と呼ぶが、この図鑑がなければ標本商は務まらないとまで言われる業界人必携の書でもある。

価格は『日本のマルバネクワガタ』の約六倍、ボリュームも約六倍。私は『日本のマルバネクワガタ』の六倍はやはり躊躇し、最終的には購入した。私が生涯で買った本の中では、断トツで高い。それにしてもこの図鑑のページを繰るたびに、藤田は制作中によくぞ精神に支障をきたさなかったものだと畏敬の念を禁じ得ない。

業界のバイブル『世界のクワガタムシ大図鑑』

藤田はこう胸を張る。

「世界でいちばん大きなクワガタ図鑑だと思います。この図鑑をつくるために六年を費《つい》やしましたから。図鑑をつくっているときは一日中、顕微鏡を見ながら、特徴をパソコンに打ち込んでいます。まあ、虫屋は、そういうことが好きなんですよ。今、全三巻からなる『日本産カミキリムシ大図鑑』の、ちょうど第二巻ができたところなんです。あと第三巻と、それが終わったら『日本産クワガタムシ大図鑑』をやりたいなと思っているんです。定木君たちにも資料協力してもらってますからね。出さないと彼らに義理が立たない。それを終えた頃には、もうお迎えがくるんじゃないですか。私も、もう六七歳ですから」

そう言うが、好きなことを続けてきたからだろうか、藤田は肌の色つやもよく、実年齢よりも十歳くらい若く見えた。

さて、日本のマルバネクワガタは現在、四種に分類されている。アマミマルバネ、オキナワマルバネ、ヤエヤママルバネ、チャイロマルバネだ。アマミマルバネは奄美群島、オキナワマルバネは沖縄諸島、ヤエヤママルバネとチャイロマルバネは八重山諸島に生息している。

さらに、マルバネには二つの亜種が存在する。アマミマルバネの亜種で、請島に生息するウケジママルバネと、ヤエヤママルバネの亜種で、与那国島に生息するヨナグニマルバネだ。マニアの間では、「アママル」「ウケマル」「オキマル」「ヤエマル」「ヨナマル」「チャマル」と略して呼ばれることが多い。つまり、厳密には「四種＋二亜種」ということになる。

マルバネクワガタの「大型三種」がこちら。
〈上〉「アママル」ことアマミマルバネクワガタ（撮影／飯島和彦）
〈中〉「オキマル」ことオキナワマルバネクワガタ（撮影／飯島和彦）
〈下〉「ヤエマル」ことヤエヤママルバネクワガタ

チャイロマルバネはこの中で唯一、その名の通り体が茶褐色で、小ぶりだ。他の三種は六〇ミリから七〇ミリくらいまで成長するのに対し、チャイロマルバネは三〇ミリ程度に留まる。オオクワガタがそうであったように、クワガタ屋の多くは、より大きな種に惚《ほ》れ込む傾向が強い。そのためチャイロマルバネはマルバネの中では圧倒的に不人気だ。したがって、本書で「マルバネクワガタ」あるいは「マルバネ」と書くときは原則、チャイロマルバネを除く大型三種のことを指している。

マルバネクワガタのオスを初めて見た人の第一印象は、だいたい共通している。

クワガタのメスみたい……。

私もそうだった。ほとんどのクワガタのオスはスリムで、あご（角のように付き出たハサミ状の部分）が発達している。一方、メスは体が丸っこく、あごが小さい。極端に言えば、どの種類もメスは似たような形をしている。

昆虫の体は、大きくわけて三つのパーツからなる。「頭部」「胸部」「腹部」だ。マルバネのオスは、頭部が胸の部分よりもすぼまっていて、体がメスのような楕円形をしている。ゆえに「丸羽《まるばね》」という名前がついた。

そして、最大の特徴は、あごが細く短い点である。ヒラタクワガタやノコギリクワガタのあごは、頼もしく、いかにも好戦的なのに対し、マルバネのそれは繊細な工芸品のようで、儚《はかな》げですらある。

クワガタは、体の大きさによって極端にあごの形状が異なる種類がいる。私もなじみ深いノコギリクワガタは大型個体になると、「水牛」の別称を持つように、あごは太く、長くなり、ほれぼれするくらい見事に湾曲《わんきょく》している。ところが小さい個体は、たわみがなく直線的だ。

マルバネは国産クワガタの中でその変化がもっともバリエーションに富んだ種類だ。大きい方から「大歯型《だいしけい》」「中歯型《ちゅうしけい》」「小歯型《しょうしけい》」と呼び、クワガタ屋はそれぞれ「ダイシ」「チュウシ」「ショウシ」と縮めて発音する。

マルバネを追うクワガバカたちの夢はもちろん「ダイシ」の獲得にある。彼らがうっとりとした表情で「ダイシ」と発音するとき、そこには最大級の尊敬と感謝の念が込められている。

ダイシの出現率は、きちんとしたデータはまだない。種類、場所、年によって、かなり波があるという。なので、あくまで感覚的な話だが、いろいろな人の話を総合すると「三十頭オスを採って、ダイシは一頭いるかいないか」というあたりに落ち着く。

ただ、マルバネの場合、大歯型といっても、あごの長さと体の長さの比率は、一対三から一対四程度だ。他のクワガタの比率はだいたい一対二ぐらい（海外には体と同じ長さのあごを持つ種類もいる）なので、それでも小さい。体が丸っこく、頼りないあごがひょろりと伸びるシルエットは、本州に生息する代表的な種類のクワガタに見慣れていると、何ともアンバランスで、奇妙な印象を受ける。

私も今でこそすっかり感化され、マルバネの異形《いぎょう》に神秘性すら覚えるようになったが、最初はあごの違いを説明されても気の入っていない相槌《あいづち》を打つばかりだった。大歯型はまだオスらしさを備えているが、中歯型になるとあごの長さが占める割合は体の五分の一以下になり、小歯型にいたっては素人目にはそれこそほぼメスだ。

多くのクワガタ屋たちが、このマルバネに狂わされた理由を林はこう説明する。

「マルバネって、体は大きいのにあごが小さかったり、逆に体は小さいのにあごが大きかったりする。極端な話、同じ種類でも一頭一頭、個性があるんです。なので、コレクター心をものすごくくすぐるんですよ」

日本クワガタ史の最大の謎

マルバネクワガタは一九七〇年代まで、日本クワガタ界における最大のミステリーだった。南西諸島で、秋の訪れと同時に、ふらりと道端や側溝に現れる不思議なクワガタがいるらしい……。その程度のぼんやりとした情報しかなかった。

南西諸島とは、鹿児島の南方から台湾にかけ、弓状に並んでいる島々のことである。大きな島で言うと、北から奄美大島、沖縄本島、石垣島と並んでいる。いずれも亜熱帯地域だ。

日本列島よりも早い時代に大陸から切り離されたため、固有の生物が数多く生息している。アマミノクロウサギ、ヤンバルクイナ、イリオモテヤマネコあたりがその代表格だが、三種とも現在は絶滅危惧種に指定されている。

一九六三年に刊行され、長らく、虫屋の世界では最高峰の図鑑であり続けた北隆館《ほくりゅうかん》発行の『原色昆虫大図鑑　第2巻（甲虫篇）』という本がある。ところが、そこにもマルバネは掲載されていない。幻といえばオオクワガタの代名詞だったが、マルバネクワガタこそ真の意味で幻だった。

一九七〇年代当時、マルバネの生態は、何一つ確かなことはわかっていなかった。そうした状況を一変させる「事件」が起きたのは、一九八〇年九月下旬のことだった。奄美大島の大島工業高校に赴任していた教師の牧野《まきの》信市《しんいち》は、ある日、伐採で切り出されたスダジイの木の洞《うろ》の中に大きな幼虫を見つけた。スダジイはブナ科の広葉樹だ。洞とは中が空洞になった、いわば木のほら穴だ。腐りやすいシイの木は、洞ができやすい木でもあった。

この幼虫はマルバネクワガタではないかと当たりを付けた牧野は、夜、スダジイの木を見て回った。すると、案の定、そこにマルバネが張り付いていたのだ。

これによって、発生期、発生時間、そして発生木までもが一度に判明した。

幻が幻でなくなったことで、マニアの間で、にわかにマルバネ採集ブームが起こる。謎の解明も一気に進んだ。

マルバネクワガタはスダジイなど照葉樹の多い原生林に生息し、八月下旬、奄美大島を皮切りに、南西諸島の緯度の高い島から順に発生していく。国産マルバネの西限、与那国島で発生を終えるのは例年だと一一月下旬頃だ。

南国の秋はじっとりとしている。しかし、絵本のページをめくるように、ガラリと涼風が吹き始める瞬間がある。マルバネはそんなときに巣にしているスダジイの洞から這《は》い出てくる。

スダジイの洞の中は、フレーク状の腐った木くずが泥のように堆積している。幼虫はそれを食べて成長し、約三年かけて成虫になる。ほとんどのクワガタは一年で成虫になるので、非常に成長の遅い種類でもある。それだけ時間をかけて成虫になっても寿命は一カ月程度と、極端に短い。そのあたりの生態も、どこか打ち上げ花火のように儚《はかな》げで、それゆえに胸がキュンとなるのだ。

それにしても、なぜこんなにも長い間、マルバネの生態は謎に包まれていたのか。わかってみれば、大型種で、幹の表面に留まっているためじつに見つけやすいというのに。謎であり続けたことは奇跡と言ってもよかった。

マルバネがミステリーであり続けた理由。それは生息地が南西諸島で、発生期が秋の夜だったことに尽きる。

南西諸島の秋の夜といえば、猛毒を持つハブがもっとも活発に活動する時期である。ハブに咬《か》まれる「咬症《こうしょう》被害」は毎年、九月から一一月までの時期に集中する。

南西諸島では、何人もの人たちがハブに咬まれて命を落とした歴史がある。近年は、血清による治療が広まり、死者数は激減した。血清療法とは、ハブ毒に対する抗体を体内に注入する治療のことだ。

クワガタの採集方法は大きく分けて二つある。一つがトラップ採集だ。広い森で黒い点を探すのは骨が折れる。なので、トラップでおびき寄せるのだ。自動販売機や街灯にガや甲虫が集まるように昆虫はライトに集まる習性がある。それを利用して、ライトトラップを仕掛ける。あるいは、樹液に寄ってくる習性を利用し、バナナやパイナップルなどのフルーツトラップを仕掛ける。しかしマルバネは、ライトトラップにはときどき寄ってくるものの、フルーツトラップはさっぱり効果がなかった。

となると、もう一つの採集方法であるルッキングに頼るしかない。つまり、待つのではなく、赴《おもむ》く採集だ。クワガタがいそうなポイントをひたすら見て回るのだ。

南西諸島の島々は、繰り返しになるが固有種の宝庫だ。他の動植物を探すつもりで山に入り、思いがけずスダジイの木に止まっているマルバネを見つけてしまうことがあってもよさそうなものだった。しかし、地元の人も、どんな採集者も、秋の夜だけは、ハブを恐れ、滅《めっ》多《た》なことでは山へ入らなかった。したがって、マルバネと遭遇することもなかったのだ。

ハブもマルバネも、数百万年前という途方もない古《いにしえ》に日本に渡ってきたとされている。つまり、マルバネクワガタは人類史が始まって以来、今日までの数千年間、ハブによってその存在を守られ続けてきたわけだ。

ハブは昔から山の神として恐れ奉《まつ》られてきた一面がある。マルバネにとってはまさに守護神だった。
そうしたドラマが、また一つ、クワガタ屋の採集本能を激しく掻き立てたのだった。

空白だった奄美群島

定木がマルバネクワガタに食指を伸ばしたのは一九九一年、御蔵島で初めて離島採集を敢行した年だった。

最初の地は石垣島だった。近年は、ほとんどの採集者がＧＰＳを所持しているが、当時はそのようなハイテク機器はまだ誰も持っていなかった。そのため森沿いの道に車を停め、そこから迷わず戻ってこられる範囲で採集した。

石垣島は道路が発達しているので、それでもかなりのポイントを見て回ることができる。イリオモテヤマネコの保護を最優先し、ほとんど道のない西表島などと比べると、比較的採集しやすかった。また、石垣島は面積が大きいため、小さな島よりも発生期間が比較的長いのも有利だった。

以降、定木は毎年、マルバネを求めて南西諸島を訪れるようになる。沖縄本島、西表島、与那国島とマルバネの生息地図を埋めるように渡り歩いた。ただ、マルバネに入れ込み始めて三年、依然として空白のままの地域があった。

奄美群島だ。八島からなる奄美群島のうち、いちばん大きな奄美大島、次に大きな徳之島、そして二番目に小さな請島《うけじま》の三島にマルバネは生息していた。

奄美を避けていた理由を定木が告白する。

「ハブが怖かったんですよね、やっぱり……」

じつは同じハブ属でも、種類によって、その危険度は大きく異なる。

日本には四種類のハブが生息している。ホンハブ、ヒメハブ、サキシマハブ、タイワンハブだ。その中で、もっとも毒が強力で、もっとも大きいのがホンハブである。巨大なものだと長さは二メートル以上、胴回りは太いところで二〇センチ近くにもなる。ワンカップ酒のグラスくらいの太さだ。毒性だけで言えばマムシの方が強いが、ホンハブは大きい個体になると牙の長さが約一・五センチにもなる。牙は注射針のような機能を持ち、一度に大量の毒を注入することができた。

咬まれると、傷口は「焼け火箸を差し込まれたような」痛みを覚え、同時に「脳髄に電流を流されたかのような衝撃が走る」とも、「ハンマーで頭を殴られたような衝撃を受ける」

とも言われる。ハブの毒は筋肉組織や血管組織を破壊するため、咬まれたところが極端に腫れ上がり黒ずむ。症状が強いと、風、音、光といったわずかな刺激でさえも痛みを覚えることがあるという。

ヘビは猛毒を持っていても臆病な種類が多い。しかし、ホンハブは人が近づいても逃げようとせず、逆に攻撃態勢をとってくる。

私は奄美大島の「奄美観光ハブセンター」で特大のホンハブを見たことがあるが、気味悪いことこの上なかった。縦に長い二等辺三角形をなす頭部。線のような黒目。ゴールドに近い黄色地に浮かぶ大小さまざまな黒の斑点《はんてん》模様。そして、樹上で体をＳ字形に縮め、時折、高速で細い舌を出し入れし、こちらに鎌首をもたげている。闘気に満ちていた。この状態で、私とヘビを隔《へだ》てているガラス板がなかったら……。そう考えただけで背筋が凍った。

クワガタ屋の中では、奄美諸島でマルバネ採集するときは、その前に絶対に奄美観光ハブセンターへ行かない方がいいと言われるそうだ。言わんとすることはよくわかる。ここでハブを見てしまったら、山へ行く前に心がくじける。

ホンハブ以外の三種は、体長一メートル前後と小さめだ。それだけでも、だいぶ恐怖感が軽減される。タイワンハブは猛毒を持っているが、ホンハブほど好戦的ではないし、体が小さいので毒の量も少ない。ヒメハブとサキシマハブはそもそも毒性がさほど強くない。また、どちらかというと臆病だ。したがって、ホンハブ以外の三種で死者が出ることはほとんどない。

石垣島や西表島など八重山諸島のハブはサキシマハブである。与那国にいたってはハブそのものがいない。

ホンハブが生息しているのは奄美群島と沖縄諸島に属する二二の島々だ。マルバネクワガタと生息域が重なるのは、沖縄北部、奄美大島、徳之島、請島の四地域だ。ただ沖縄北部では、滅多に見られないそうだ。また、のちに詳述するが、沖縄北部に生息するオキナワマルバネ採集の場合は、道路を車で流すルッキングが主流だ。そのため採集の危険度で言うと奄美の三島が断トツで高いのだ。

歴戦の採集者である藤田でさえこう言う。

「僕もホンハブがいる山ん中、一晩いるなんてできませんよ。臆病者ですから。ちょっとおかしくならないとできないでしょう」

ハブに咬まれたら毒が体内に回るのを防ぐため、動いてはいけない。すぐに救急車を呼び、できるだけ早く血清を打つ必要がある。その頃、クワガタ屋の間では、咬まれてから三時間以内に血清を打たなければ心臓が止まると言われていたそうだが、それは決して大げさな話でもない。血清治療は三〇分以内が理想と言われ、それを過ぎると、体の一部が壊死《えし》するなど重症化する恐れがある。

したがって、単独で入山し、ハブに咬まれたら相当危険だ。複数人いたとしても森の奥に入っていたら、大人一人を運び出すのは容易ではない。

考えれば考えるほど、奄美は足がすくんでしまう場所だった。

奄美群島が敬遠される理由はもう一つあった。定木とともに足繁く奄美の島々へ通った杉原が言う。

「アママルは人気がなかったんです。地味な存在というか。カッコ悪いんですよね。だんだん、それがよく見えてくるんですけど」

じつは、アマミマルバネには他の種類にはない致命的な「欠点」がある。先にも述べたが、クワガタ屋の夢はダイシとの遭遇だ。ところがアマミマルバネは、そのダイシがなかなか出現しないのだ。最大個体が六五・九ミリと大型三種の中ではもっとも小ぶりな種であることがその理由の一つのようだった。

あごの形のことを「歯型《しけい》」と呼ぶ（53ページ参照）。アマミマルバネは、その歯型の発達具合が極端に悪かった。奄美三島の中でも、最大個体六五・九ミリの徳之島産と、同六五ミリの請島産はいずれもごく稀にだが大型化する傾向も見られた。ところが、最大個体六三・七ミリの奄美大島産はその兆候がほとんど見られず、現在まで、完全な大歯型は未確認のままだ。

　ホンハブの恐怖と常に隣り合わせの採集行であるにもかかわらず、憧れのダイシに出会える確率がもっとも低い。ゆえに、なかなかアマミマルバネを突き詰めようとする者が現れなかったのだ。

　ところが、一九九二年、マルバネ屋の心を大きく揺さぶるニュースが飛び込んできた。ベテラン採集家が請島で六二ミリの完全大歯型の個体を発見したのだ。データとして残っている範囲では、アマミマルバネ初の大歯型だった。

　その写真は『月刊むし』の二六八号に掲載され、愛好家たちの度肝を抜いた。杉原はその個体を見たときの衝撃をこう振り返る。

「ぶっ飛んでますね」

　この表現は、クワガタ用語のようなものだ。クワガタ屋は、見たことがないような歯型のことを最大級の賛辞を込め「ぶっ飛んでる」と評する。

大歯型の定義は、歯の大きさではない。小歯型、中歯型には内側の歯、つまり内歯がある。内歯はノコギリの歯のように小さなギザギザになっている。大歯型になると、この内歯が消え失せ、内側がツルツルになるのだ。そしてあごの形も直線的なものから緩やかな曲線へと変化する。

ただ、このように細かな説明をした上で、その請島産の個体を見ても、普通の人は、頭の中に無数のクエスチョンマークが浮かぶだけだろう。そんな違う？　と。

ところが、何十頭、何百頭と、数多くのマルバネを見れば見るほど、その異形さは際立ってくる。わずかな差異だが、マルバネを追う者たちは、そこにロマンを見る。もっと言えば、神の存在を感じるのだ。

また、この年、『ＫＵＧＡＭＵｓ』の一一月号にも、徳之島産の六三ミリの大歯型発見のニュースが掲載されている。

定木はその二個体に導かれるように、一九九四年、ついにマルバネ採集のために奄美大島へ渡った。

「奄美はもう何度も来てたんですけど、マルバネを採りに来たと思うだけで、ぜんぜん違う島に思えましたね。気が重いというか、憂鬱《ゆううつ》でした」

その当時、奄美大島でマルバネを探す場合は、ハブのリスクを避け、路上を徘徊する個体を車で見つける方法が主流だった。通称「流し」だ。しかし定木は当然のように山に入るつもりでいた。

マルバネは発生後期、子孫のテリトリーを広げるために、生まれ育った木を離れ、移動する習性があった。ただし、路上で見つかる個体は成虫になってからかなり時間が経っているため、オス同士の争い等によって体の表面がボロボロになっていたり、体の一部分が欠損していたりすることが多かった。コレクターは傷一つない個体のことを「ピカピカの完品」などと表現するが、定木も、できるなら発生初期の傷の少ない個体を手に入れたいと考えていた。

定木が「流し」を敬遠する理由は、もう一つあった。定木が頬を緩める。

「スダジイの木って、丸くもっこりしていて、ブロッコリーみたいなんです。そんなブロッコリーの森のような原生林の、樹齢何百年という古木にマルバネが張り付いている。それがたまらない。理想は、誰も踏み込んだことのないエリアの、見たこともないような大木に、見たこともないようなでかいマルバネを見つけることなんです」

そこへいくと、路上採集はおもしろみに欠けた。

「道沿いでギネスが採れましたって、ちょっと味気ないじゃないですか。それを引く運というか才能はすごいですけど、それだけじゃあちょっと物語にならないなというか」

定木は「コレクターは大きく二つのタイプに分かれる」と話す。

「一つはプロセスを大事にする人。もう一つはどんな手段でもいいから手に入れたいという人。マルバネはプロセスを大事にするタイプの人にはたまらない種類なんですよね」

定木の場合、「プロセスを大事にする」という程度では済まない。彼の中で、プロセスは絶対的なものだ。

定木はコレクターでもあるが、他人が採集したものにはまったく興味を示さなかった。

「自分の箱（コレクションケース）には、自分で採ったもの以外は入れたくないんです」

定木のようにプロセスを重視する採集者兼コレクターは少なくない。しかし、そうした人でも自然な感情として他人のコレクションが欲しくなることもある。定木ほど徹底しているタイプはそういなかった。

定木と頻繁にコンビを組んだ杉原は、定木の採集哲学についてこう語る。

「マルバネを採りに来た人は、だいたい勝算があるところに行くんです。限られた期間で、なるべく成果を上げたいですから。でも、定木さんは他の人があそこへ行くなら、僕らはこっちにしましょうと人と違うポイントを攻めようとする。もちろん、発生ポイントを見つけたらそこには毎日通うんですけど、それでも、一日一カ所は必ずまだ入ったことがないところへ入って行こうとするんです」

虫屋の世界では人の後ばかりを追っている者は軽蔑され、開拓精神を持っている者は賞賛される。定木がこの世界で敬意を集める理由は、こんなところにもある。

定木はとりわけ勇敢なわけではない。九一年七月、初めて奄美大島に上陸したときは、夏の盛りだったにもかかわらず、ハブの侵入を警戒し、ビジネス旅館のクーラーのない部屋で窓を閉め切って寝たという。

「街中なんで、普通に考えたら、大丈夫なんですけどね。でも、怖いもんは怖いじゃないですか。ただ、クワガタ屋の習性なのかもしれませんが、山の中に入って一匹でも見つけると、ハブの存在を忘れちゃう。トランス状態に入ってしまうというか」

初めて秋の夜に入山するときは、ハブ対策に万全を期した。まずはポイズンリムーバーを用意した。ヘビやハチに刺されたときに毒を抜くための太い注射器のようなものだ。

採集中、もっとも危険なのは藪《やぶ》の中に潜んでいるハブだ。人がそばを通ると体温を感知し、反射的に足に咬み付く場合がある。なので長靴の下にハブの牙を通さないセールクロス製の脚絆《きやはん》を巻いた。

クワガタ屋の中には、ハブ対策として、長靴の中にプラスチック製の板を入れたり、新聞紙やふろ場マットをももの付け根までガムテープでぐるぐる巻きにしたりする人もいるという。歩きにくそうだが、ハブに咬まれるリスクを考えるとなりふり構ってはいられないのだ。

定木はさらに血清を入手しようとした。山中で咬まれ、病院へ行く時間的余裕がなかったら自分で血清注射を打つつもりでいたのだ。

本当か嘘かはわからぬが、年配のクワガタ屋がマルバネ採集のときは常に血清を携行しているという話をしていたため、定木は、奄美大島なら薬局で売っているものだと考えていた。もちろん、薬局などに置いてあるものではない。定木は今度は、保健所に問い合わせた。そこで病院にしかないと諭《さと》された定木は、真っ正直に病院を訪ね、受付で血清をわけてもらおうとした。だが、当然と言えば当然だが、注射器で打つ薬だから一般人には渡せないと拒まれた。

「冷静に考えれば当たり前の話なんですけど、こちらも生きるか死ぬかで必死だったし、あんときは、なんて理不尽なことを言う病院なんだろうと憤慨してましたね」

奄美大島の一年目は、まだ手探り状態だったことに加えて、「ハズレ年」だったこともあり、成果らしい成果は得られなかった。

ただ、そのことは定木にとってブレーキにはならなかった。むしろ闘志を掻き立てられ、以降、アマミマルバネにのめり込んでいくことになる。森の中で、木に止まっているクワガタを採ることを「木どり」というが、奄美三島で秋の夜、「木どり」に手を出すということは昆虫採集の一線を越えることでもあった。藤田は達観したかのような口調で言う。

「どっか切れてないと（奄美の森は）入れないですよ。定木君は、最後まで行っちゃったんでしょうね……」

アマミマルバネが採集できる三島のうち、もっとも小さな請島は、一九九六年に町の条例で採集禁止になっている（このことについては後に、改めて詳述したい）。そのため九七年以降、アマミマルバネのフィールドは奄美大島と徳之島の二島に限られた。定木がより重点的に訪れたのは徳之島だった。徳之島産の方が奄美大島産より大きく、歯型の発達したものが多く見られたからだ。

杉原は定木の挑戦者魂をこう讃える。

「あの人の開拓精神がもっとも表れたのが徳之島。当時、ほとんど誰もやってませんでしたから。森が深いし、ホンハブもいるので、なかなか手が付けられなかった。ポイントを絞り込めるようになるまでは大変だったでしょうね。何度も辛酸を嘗《な》めたと思いますよ。定木さんがやり出して、採れるポイントがわかってきてから、みんなも少しずつ入るようになっていったんです」

夕暮れから深夜にかけて、暗闇の中、六時間も、七時間もハブの恐怖と戦い、その上、一頭も見つからなかったときの徒労感たるやない。そんな日が何日も続くと、もはや正気を保つことさえ困難になってくる。

しかも、当時の闇の深さは今とは比較にならない。ＬＥＤライトが登場するまで、マルバネ採集時は、淡い暖色系のハロゲンライトを手に持ち、蛍光灯を首からぶらさげていた。ハロゲンライトで前方を、蛍光灯で足元をそれぞれ照らした。

現在は、ＬＥＤのヘッドライトがあれば、照射範囲が広いため、前方も足元もそれ一つで十分だ。ハロゲンライトの明るさは、ＬＥＤの半分以下だろう。森の中で感じる灯りの乏しさは、大きなストレスとなり、精神を蝕《むしば》んでいった。

また、ハロゲンライトも蛍光灯も単一電池六本を必要とした。いずれも消費電力が高かったため、荷物の中には、予備電池一二本も欠かせなかった。単　電池の重さは、一三九グラムだ。つまり電池だけで約三・四キロにもなった。

採集行の必須アイテムはランプだけではない。記録用のカメラ、水分や食料、採集用具なども加わるので、ザックは相当な重さになる。決して軽くない装備でスダジイの木を求め、川を渡り、崖を降りたり登ったりする。危険なだけでなく、体力の消耗度という点でも、マルバネ採集は他の採集とは次元が違った。

それだけに採集者は何としてでも成果を上げたい。ゆえに、杉原が指摘するように、みんな採集実績のあるエリアに群がるのだ。

定木が徳之島のポイントを開拓し始めた頃、山中で他人の灯りを見かけることはほとんどなかった。

「ポイントというより、その山自体に自分しかいない日もありましたね。そういう日が何日も続いたりしました」

定木に栄光の瞬間が訪れるのは、まだまだ先のことだった。

点と点がぶつかるのを待つ

同じマルバネでも、人それぞれ好みがある。

先ほど、アマミマルバネは歯型の発達が不良だと書いたが、対照的に、良好なのがオキナワマルバネだ。オキナワマルバネの最大個体は七〇ミリ。全種を通じ、七〇ミリの大台に乗ったのは、確認できている範囲ではオキナワマルバネの最大個体一頭のみである。

オキナワマルバネは大歯型になると、そのあごは異様なほど細く、長い。それゆえ、どこか鉛筆の芯を極限まで削り出したような危うさが漂う。そして、他の三種の大歯型には「縦角」といって先端と中ほどに上向きの突起物が左右二つずつあるのだが、オキナワマルバネはその縦角が先端の方のみ、つまり一つずつしかないのだ。

このオキナワマルバネにはまったのが定木の盟友、林だった。

「大きな個体、六〇ミリ台後半になったときのあごの変わり様がすごいんですよ。僕は湾曲が緩く、真っすぐスコーンと伸びた特大のダイシを『スコーン型』と呼んでるんですけど、初めてスコーン型を見たとき、僕の人生が変わった。もう寝ても覚めてもマルバネのことばかり考えるようになっちゃいましたから」

どの種も大歯型になると緩いカーブを描くものだ。ところが、オキナワマルバネの大歯型は、人によって「毛抜き型」と呼ぶように、直線的で先っぽだけが内側に入っている形が現れる。

異様に発達したオキナワマルバネの大歯型は、マルバネ属の限界値のシルエットと言ってもいい。

オキナワマルバネは沖縄本島の北部、やんばるの森に生息している。天然記念物ヤンバルクイナの生息地としても知られる貴重な森だ。森林内には葉脈のように林道が広がっていて、オキナワマルバネを採集するときは、夜、その林道をひたすら徐行し、文字通り目を皿のようにしてヘッドライトに浮かび上がる黒光りした物体を探し回る。

オキナワマルバネは、木どりは向いていない。オキナワマルバネ以外のマルバネは発生後、しばらくは発生木にとどまり、死期が迫ると移動し始める。それに対し、オキナワマルバネは成虫になると、すぐに動き出す。したがって、道路に迷い出てきたマルバネを車のライトでとらえる方法がもっとも効率がいいのだ。

林は日没から明け方まで、そうして「流し」を続け、一日あたり数百キロ走ったこともあるという。ガソリン代だけで一月一〇万円近くかかったこともあるそうだ。まさに狂気の沙汰だ。林が言う。

「オキマルの採集はよく運だって言われるんです。点と点がぶつかるのを待つしかないわけだから。その確率を上げるには車を流すしかない。修行ですよ、あれは」

運次第――。

一九九九年一〇月二二日、その説を決定づける遭遇劇が歴史の一ページに加わった。

当時、やんばるの森で環境アセスメントのバイトをしていた村松《むらまつ》稔《みのる》は、空き時間を利用し、軽い気持ちで林道を車で流していた。与那国島でマルバネクワガタを採集した経験を持つ村松は、もちろん、そこがオキナワマルバネの生息地であることくらいは知っていた。ただし、オキナワマルバネの発生期は九月中旬から一〇月中旬である。一〇月下旬に入ったその時期、ほとんどのクワガタ屋は次の発生地である石垣島へ移動しており、まさか見つけられるとは思っていなかった。

ところが、夕暮れどき、視界の中に、道の真ん中を這うやけに大きな黒い点が飛び込んできた。採集したときの思いは語り口に表れる。村松は何事もなかったかのように振り返る。

「すぐにクワガタだとわかったので、車を降りました。遠くからでも、あまりにも大きいので、ぜんぜん違うクワガタみたいに見えましたね」

それこそが七〇ミリの、いわゆる「ギネス個体」だった。

村松にとっては、一頭目のオキナワマルバネだった。ビギナーズラックにもほどがある。

村松がおどける。

「売ってくれという電話がいっぱい来ましたよ。三桁払うという人もいました。ビックリしましたね。なんで、こんなクワガタにって」

定木も無論、何年もオキナワマルバネ採集にトライし続けたが、他の種類と比べると、なかなか大きい個体を採集できなかったという。

村松がギネス個体を採集した翌年、二〇〇〇年四月号の『月刊むし』で、村松のギネス個体発見を祝う「オキナワマルバネクワガタ座談会」が開催された。

当然のように定木も呼ばれ、その七〇ミリのマルバネを見るかと問われると〈正気じゃいられないかもしれない〉と固辞。そして、勢い、〈来年は山奥で72ミリを採ってくる〉と宣言するはめになる。すると、すかさず仲間に〈そのまま山の中で倒れてるんだよ。首のあたりハブに噛まれて〉とからかわれ、〈いいよ、死んでも〉と返す。定木の発言だと思うと、それらの言葉がまったく冗談に聞こえない。

林の回想から浮かぶ本人の姿は、まるで夢遊病者だった。一九九九年以降、頭の中には常に村松の七〇ミリがあったという。

「一九九〇年代後半から十年くらいは、発狂しそうな状態でやってましたね。宿に何泊したかもわからなくなって。チェックアウトするとき、『三七泊？』みたいな。基本、マルバネ採集のときは、行きのチケットしか取らないんです。発生した日から発生が終わるまで見てやろうという気でいますから。持っているお金を全部つぎ込んで。あんな感覚になることは今後の人生でもう二度とないでしょうね。ほんと、愚かでした。付き合ってる女の子がいたときも、『まだ帰ってこないの？　こんなんだったら別れたいんだけど』って言われたら『俺の勝ちだ！』って。よしよし、これでマルバネに集中できるぞと。ひどいもんですよ」

そんな狂気の日々がようやく報われたのは、二〇〇八年秋だった。ここからは『日本のマルバネクワガタ』の中に掲載されている林のレポートを引用したい。採集開始から二週間ほど経ったある日のことだった。

〈その日も夕刻間際から流しては休憩を繰り返し、日付が変わった頃にはすっかり疲れ果て、気づくといつもの場所で車のシートを倒して眠り込んでいた。寝ぼけて朦朧《もうろう》とする意識の中で、採集を再開する。直後、待ち続けていた瞬間が視界に飛び込んできた。数十m手前から見ても、今までのどのパターンにも当てはまらないシルエット。（中略）震える手で、その巨大な個体をつかみあげると、改めて今までにない量感を感じた。（中略）興奮で胸が張り裂けそうになる。（中略）急いで宿に向かうも、何度も何度も車を止めては魅入ってしまう。（中略）無事に宿にもどってノギスを当てると、メモリは69㎜を指している。その日は今までに味わったことのない興奮状態に陥り、（中略）翌日、目を覚ましても、何度も何度もその巨大なオキマルを眺める。眺めてはノギスを当てる。「69㎜のオキナワマルバネ」。強烈なサイズである。今まで10年以上に渡って思い焦がれてきたサイズ。しかし贅沢ではあるが、嬉しさの中に複雑な思いもあった。（中略）ギネスまでたった１㎜。物凄い大きな壁である。１㎜足りない現実を受け入れねばならない瞬間でもあった……〉

獲得と喪失。そのダイナミックな心の変化が見事に表現されている。ただし、その揺れの原因は「一ミリ」だ。しかも、たかがクワガタの。

一ミリへの狂気

コレクターの夢は「珍品」を手にすることだ。究極は「世界で唯一」だろう。ただし、昆虫を含めた生物の世界では通常、それはありえない。一つの種類を維持するには、一定数の個体が必要だからだ。

外国産クワガタならば、生態がまだ謎だったり、採集地がなかなか行けないような辺境だったりして、市場に出回っている量が極端に少なく、何十万といった高値を付けることもままある。しかし、ひとたび高額で取引が行われると、次々と産地が開拓され、大量に市場に出回るようになり、一気に値崩れしてしまう。

あるいは、養殖技術の発達によって値が下がるケースもある。一九九九年に外国の一部のクワガタの輸入が解禁され、真っ先に入ってきたオセアニアのニジイロクワガタがそうだった。「世界一美しい」と称されるように、光の反射によって体の表面が油を水に浮かべたときのようなニジイロの光沢を放つ。当初はワンペアで数十万円もしたが、のちに繁殖方法が確立し、今では数千円程度で落ち着いている。

となれば必然、稀少性を競う着目ポイントは大きさや色に向かう。色が地味な国産クワガタはほぼ大きさ一辺倒。つまり、ギネスなのだ。ギネスは単に大きいだけでなく、究極の珍品でもあるがゆえに、クワガタ屋を熱狂の渦《うず》に巻き込んだ。

ギネス競争に猛進するクワガタ屋は口をそろえる。

「大きさがすべてです」

何度か触れているように、マルバネクワガタは種類によって平均的な大きさにばらつきがある。大きい方から、オキナワマルバネ、ヤエヤマママルバネ、アマミマルバネの順だ。

石垣島在住の花谷達郎が、ヤエヤマママルバネのケースを例にとって、その種の大きさの限界値について語る。

「三、四年通えば、六三、四ミリまでは採れるんです。六五ミリは一〇年に一頭ぐらいじゃないかな。そこからはなかなか採れない。僕も六五ミリは三つか、四つ。六六ミリが最高ですけど、それは一つだけだね。一時期、六六ミリがギネスだった時代があるんですよ。もうこれより大きな個体はいないだろう、と。そうしたら、一緒に行った人が六七ミリを採った。それを見て、こんなの二度と採れないと思った。ヤエヤママルバネは他の種より太いんです。だから一ミリ大きくなっただけで、そのボリューム感がすごい。クワガタは偏差値と同じで、真ん中あたりのサイズほどいっぱいいるんだけど、偏差値七〇以上になると極端に少なくなる。でも、好きな人は、そこを狙ってくる。ほとんどゼロに近いところの個体を採るために何十年と通うんです」

ちなみにヤエヤマママルバネの現在の最大記録は六九・二ミリだ。偏差値で言えば間違いなく九〇台だろう。いや、もっと高いかもしれない。

彼らがマルバネ採集でやろうとしていることは、たとえれば、身長二メートル以上の日本人を探すことに似ているかもしれない。ほとんどの人が生涯、一人も出会わないだろう。でも、あえてそれをしようとしているのだ。珍しいサイズを探しているのではない。存在するかしないかわからない奇跡の個体を探し求めているのだ。

研究者としての評価も高い定木だが、彼は決してきれいごとは言わない。

「僕らは虫屋の中でも独立した価値観の中にいるんだと思います。日本産クワガタのギネスを採集によって得ようというカテゴリーです。学術的なことにまったく興味がないわけではありませんが、どちらかというと後付け。もともとは、そんなことに興味はなくて、つまるところ、人より一ミリでも大きなものを自分の手で捕まえたいだけなんです」

取材を始めたばかりの頃は、たかだか一ミリ大きいことに何の価値があるのか、まったく理解できなかった。しかし、これもクワガタ屋は決まって同じことを言うのだが「一ミリ違うとぜんぜん違う」そうだ。

定木に「一ミリなんて、誤差の範囲じゃないですか」と向けると、幸せそうな微笑みとともにやさしい反論が返ってきた。

「それがですね、大きいとね、違うんですよ。これは、ほんとにそうなんです」

一ミリでも？　と念を押すと、定木は再びえびす顔をつくった。

「はい。カッコよくなる。横幅も出てきますしね。クワガタというのは、大きくなればなるほど、形が変わってくるんです。たとえば、大あごがありますね。大きくなると、小さい個体にはなかった突起が出てきたり、なくなったりする。それは相当な違いなんです」

こう考えると、わかりやすいかもしれない。六〇ミリから七〇ミリサイズのマルバネの一ミリは、人類に換算すれば約三センチだ。同じような肉付きの身長一八〇センチと身長一八三センチの人が並んでいたら、明らかに一八三センチの人が大きく見えるだろう。

『日本のマルバネクワガタ』には、一ミリどころか、〇・数ミリ刻みで最大個体から順にマルバネクワガタがずらりと並んでいる。

それらを繰り返し眺めていると、あごの微妙な違い、全体のバランスの違い、わずかな色の違いなどに目が行くようになり、同じ種類でも、林が言う通り、それぞれがじつに個性的であることがわかってくる。

少々オーバーな言い方をすれば、マルバネクワガタは神のつくった芸術作品だ。『日本のマルバネクワガタ』は図鑑ではなかった。美術書である。

ハブ談義

定木と同じくアマミマルバネに執着した杉原が同種にはまった理由は、どこかに矛盾を孕《はら》みつつ、しかし説得力のあるものだった。

杉原は初めて奄美大島でアマミマルバネを見つけたときの興奮をこう振り返る。

「初めて見つけた個体は、そんなに大きなものではなかったんです。でも、ホンハブの恐怖で、精神的な負荷が半端ない。そんな抑圧された中でマルバネを見つけると、脳内麻薬の分泌がすごいんです。僕にとっては西表島とか石垣島での採集は、ある意味、お祭りみたいなもの。ハブはハブでもサキシマハブだと思うと、どこか本気になれないんです」

スリル。

杉原がアマミマルバネを愛する理由は、簡単に言えば、そういうことだ。

マルバネ愛好家は、マルバネ話はもちろんだが、それと同じくらいハブ談義になると盛り上がる。『日本のマルバネクワガタ』の後ろの方に「マルバネクワガタ特別座談会！」という企画ページがあるのだが、その中で、ハブの話がヒートアップし、出席者の一人が〈さっきから盛り上がるのハブの話ばかりだけどいいの?〉といさめるシーンがある。

実は座談会を始める前に、こうなることが予想されたため、今日はハブの話はNGにしようと話し合っていたそうだ。

ハブ談義に水を差した出席者に対し、他の出席者は〈いやでも、そこに尽きるんじゃないの? ハブを見つけるってことが大前提にあって、クワガタはオマケみたいなもんじゃないですか〉ともはや倒錯する始末。

人はおそらく根源的に自分の生命を脅《おびや》かす存在を恐れつつも憧憬を抱く生き物なのだろう。アラスカをこよなく愛した自然写真家の星野道夫はエッセイで、アラスカン（アラスカ在住者）同士が話を始めると往々にして自分はいかにヒグマと遭遇し、そして九死に一生を得たかという一種のヒグマ遭遇自慢大会になりがちだということを書いていた。その星野は『旅をする木』（文藝春秋）の中で、こうも書いている。

〈アラスカの自然を旅していると、たとえ出合わなくても、いつもどこかにクマの存在を意識する。今の世の中でそれは何と贅沢なことなのだろう。クマの存在が、人間が忘れている生物としての緊張感を呼び起こしてくれるからだ。もしこの土地からクマが消え、野

営の夜、何も恐れずに眠ることができたなら、それは何とつまらぬ自然なのだろう〉

遭遇したときの危険度においてはヒグマとハブは比べるべくもない。ただ、「アラスカ」を「奄美群島」に、「クマ」を「ハブ」に置き換えると、杉原のようなクワガタ屋の心境がよりはっきり見えてくる。

その一方で、同じくアマミマルバネに惹かれた定木はこう冷静に話す。

「ハブは、一つのスパイスみたいな感じじゃないですか。どうしてもマルバネとセットになっちゃいますからね。だからといって、ハブがいていいことなんか全然ないですよ。危ないですから」

定木は人一倍ロマンチストだが、それを自覚しているがゆえに自制心も強い。なので、ノリで軽率なことは絶対に言わなかった。

そして、もう一つ、ハブに関しては軽くなれない理由があった。

マルバネ採集は、ある意味、ハブに咬まれに行っているようなものだ。にもかかわらず、ハブに咬まれて命を落とした者はいないという。そのデータはクワガタ屋の間では七不思議の一つに数えられている。

ただ、咬まれた者は数名いる。実は定木もその内の一人だった。

いつものように奄美大島で杉原と二人で採集していたときの話だ。夜一一時頃、二人は油《ゆ》井《い》岳《だけ》という山の中を歩いていた。複数人で採集するときは、互いの存在を感じられる範囲で距離を取り、それぞれに木々を物色する。

定木は一本のスダジイの木に近づき、ハロゲンライトで樹皮をくまなく照らしていった。そのとき、右足のふくらはぎに「カチン」という金属に硬いものがぶつかるような感覚を覚えた。同時に、鋭い痛みが走る。振り返るとハブが倒木の下に身を滑り込ませているところだった。どうやら、そこに潜んでいたらしい。

杉原が思い出す。

「定木さんが僕のところにやってきて、『やられました』って。青ざめていたというか、やばいという感じが出ていたんで、まさかとは思いましたが……」

幸いにもそこは車を停めている道路まで百メートルほどの地点だった。二人はまずは車に戻った。定木が長靴と脚絆《きゃはん》を脱ぐと、二つの穴から血が流れていた。

定木にさすがに焦ったかと問うと、少しムッとしたように言った。

「そりゃ、焦りますよ。あの場面で、冷静でいられる人の気が知れない」

　二人は慌ててポイズンリムーバーを取り出し、何度となく傷口から血の混じった液体を吸い上げた。そうして応急処置を施《ほどこ》してから車に乗り、救急病院のある古仁屋《こにや》の町を目指した。杉原の回想だ。

「救急車を待ってたら時間がかかるので、とにかく町まで行っちゃいましょう、と。車で三〇分もかからないくらいの距離だったので。一一九番は、車内で、定木さんが自分でかけてました。町まで下りた後は、郵便局だか、鹿児島銀行の前で救急車を待っていたんです」

　そのとき、定木がポツリと言った。

「ハブに咬まれたら火箸を打ち込まれたように痛いって言うけど、痛くないんですよ」

　毒蛇は咬んだからといって、必ずしも毒を注入するわけではない。ドライバイトと言って、一説によれば、二〇パーセントから二五パーセントくらいの確率で、咬んだだけで引き下がるという。要は威嚇《いかく》だ。

　ただし、咬まれた段階で、ドライバイトか否かの判断をするのは非常に難しい。救急搬送された定木は、血清を打ってもらった上で、毒抜きのための切開手術をし、一晩入院した。

　そして、翌日から再び採集に戻った。症状から考えるに、どうやら毒は注入されていなかったようだ。

命拾いした今となってはクワガタ屋にとって格好の「ネタ」とも言えるが、定木は冷ややかに言うだけだ。

「別に僕はそんなエピソードを望んでいたわけではないので」

絶頂の瞬間

定木は一九九八年から毎年、二週間以上徳之島に滞在し、まだ見ぬアマミマルバネの大型個体を探し求めた。

そして五年目のシーズン、二〇〇二年についにその瞬間がおとずれた。定木は落ち着き払った態度で振り返る。

「絶頂感という意味で言えば、あのときがいちばんでしたね」

〈急な尾根を登りつつ谷向こうを覗き込むと、巨大なシイの古木が何本か見えた。ハブに気を配りながら岩だらけの谷を渡り近づいていく。その内の1本に懐中電灯が描く円を走らせると、地上数mの所で黒い塊がキラリと光った。マルバネに違いない。慎重に近づき長竿を伸ばす。高所にいる個体は手元に寄せるまでサイズの見当がつかない。思いの外デカかったりすることもあるが、大概はがっかりする。この時もやはり後者の方だった。一息ついてから、足場の悪い急斜面を下り木の裏側にまわり込む。そして目が点になった。背丈ほどの高さに口を開けた洞の縁に、堂々たる体躯のマルバネクワガタが静止していたのである。大腮《おおあご》基部の発達した縦角はさながらヤエヤママルバネのようで、この個体が長年探し求めていたモノであることを直感させた。樹皮から爪を慎重に外して掌に乗せてみる……。僅かに内歯の痕跡はあるものの、外縁が湾曲しはじめている大腮のフォルムは間違いなく大歯型のそれであった。〉

（『日本のマルバネクワガタ』より）

定木がとうとう手にしたその個体の全長は、六五・一ミリ。異常ともいえる大きさだ。無論のこと、アマミマルバネにおける圧倒的なギネスサイズだった。

杉原はそのときの定木の様子をこう思い出す。

「定木さんは自分の成果をほとんど人にしゃべらないんです。すごいのを採っても言わない。でも、あのときばかりは最高の笑顔を見せていましたね」

アマミマルバネの大歯型は、マルバネ採集の一つのゴールといってもよかった。

地味だと言われ続けてきたアマミマルバネの美点を定木はこう語る。

「ヤエマルは、ルビー色というか、赤褐色。オキマルは、黒なんです。アママルも黒なんですけど、背中の光沢がすごく強くて、青みがかっているんです。漆《うるし》のような、っていう人もいますね。形は地味ですが、色はとてもきれいなんですよ」

まるで最愛の女性を語るかのような口調だった。

定木以上にアマミマルバネ一筋だった杉原も、その魅力を思い入れたっぷりに語った。

「背中の光沢感とは対照的に、頭部と胸部はマットな感じのブラックなんです。それもあって、頭部と胸部の間の金色の毛がエレガントに見える。『人造人間キカイダー』って観てました？　敵役でハカイダーって出てくるんですけど、アママルに似てるんですよ。オキマル、ヤエマルのような主役級ではない。渋い役。ハカイダーのコスチュームは黒と黄色なんですけど、そんなところもマルバネを連想させるんです」

定木が採った六五・一ミリのアマミマルバネの標本写真は、『日本のマルバネクワガタ』の「徳之島産」のページに掲載されている。しかし、順番は二番目だ。

定木の六五・一ミリは長らく金字塔であり続けた。しかし、そんな定木のギネスも破られ

本書のカバーにも使用した、65.1ミリのアマミマルバネ（原寸大）。
（写真提供／定木良介）

る日が訪れる。十年後の二〇一二年九月二四日、徳之島。採集者は定木より四つ年下の首藤《しゅとう》健《けん》之《じ》だった。

〈足を滑らせないよう裏側にまわり込むと無意識に上を照らす……！！　一瞬血圧が上がった気がした。ツルの太い部分に頭を隠し、昨晩採れた個体など比べものにならない、恐ろしい幅の尻が上の方で黒光りしている。急いで繰り出した棒を伸ばしながら、つい声が出た。

「見つけたぞ……」

（中略）目の前の茂みにポトリと落とし、即座に手を伸ばす。笑いぐさかもしれないが、一瞬でも個体が視界から消えることが不安でならなかった。指先に爪が掛かる感触がし、次に鋏まれたのか激痛が走った。だがそんなことはまったく気にならない。大あご（の歯型）は……

「（内歯が）ないっ！　コイツ完全に大歯や！！」

強く挟んで（内歯が）肉に埋もれてるのかと思い何度も見た。

（中略）軽く放心状態におちいり、なんとなしに歩いていると、少しの時間差でなんとも

言えない喜びが込み上げてくる……。その場に両膝をつき、山のふもとまで響くような大声で吠えた。〉

（『日本のマルバネクワガタ』より）

最後の一行に狂喜が凝縮されている。

二〇一二年、二〇一三年は「大当たり年」だった。六〇ミリを超える個体など滅多に見られないのに、その二年だけで過去、見つけられた頭数と同じくらいの六〇オーバーが次々と発見された。

その代表格が首藤の個体で、なんと六五・九ミリもあった。そして、その歯型は、内歯がきれいに消失している完全大歯型だった。

じつは十年前に定木が採った六五・一ミリの個体は、わずかながら内歯が残っている。当時は仲間内でも誰もが大歯型だと認めていたが、二〇一二年以降、評価が変わった。定木が説明する。

「大きな個体が採れれば採れるほど、ダイシの基準は厳しくなっていくものなんです。僕が六五・一ミリを採ったときは、アママルの中ではダイシと言っていいと思った。でも首藤さんの個体を完全ダイシとするなら、僕のは完全ではないですね」

それでも林は定木をこうフォローする。

「徳之島を切り開いたのは定木さんですから。首藤さんは、とても優秀なクワガタ屋ですが、僕らよりだいぶ後から出てきた人。サイズでは負けましたけど、だからといって定木さんの功績はちっとも色あせないと思いますよ」

また十年間で採集方法もずいぶんと変化した。先述したようにＬＥＤが普及したお陰で、格段に明るくなり、装備が軽くなった。そして、二〇〇〇年代後半から手頃な価格で高性能なＧＰＳが手に入るようになり、行動範囲が一気に拡大した。ＧＰＳには過去、マルバネが張り付いていた木もすべて記録できる。お陰で効率性も格段にアップした。

林が言うように、大きさだけで、その価値を判断できるものではない。しかし、ギネス競争においては、負けは負けだ。定木も悔しくないはずはないだろう。ただ、静かにこう話すだけだった。

「(六五・一ミリは)僕の中では、意味のある個体だったんで」

定木は『ＨＩＧＨ　ＶＯＬＴＡＧＥ2』というクワガタ屋の体験記を集めた雑誌のプロフィール欄で、これまで採集したクワガタのベスト2を挙げている。

二位は、十代のときに採った六八ミリのオオクワガタ。そして一位は、このときの六五・一ミリのアマミマルバネクワガタだった。

西表島採集記

行かないわけにはいかない——。

二〇一八年一一月三日、夕方六時半。ソフトバンクと広島の間で行われていた日本シリーズ第六戦が始まった。すでに三勝していたソフトバンクが勝てば日本一が決まるという大一番でもあった。

観たい。だが、観られない事情があった。一回表、広島の先発ジョンソンが1アウト二、三塁のピンチを切り抜けたところで意を決し、テレビの電源を切った。

あたりはすっかり暗くなっていた。私はザックを背負い、重い心を引きずるようにして宿を出た。後悔の波が再び押し寄せてくる。

ああ、なんで来ちゃったんだろう……。

初の単独マルバネ採集のスタートは、まるで鉛《なまり》の塊《かたまり》を飲み込んでしまったかのように、最低の気分だった。

私が西表島に入ったのは二日前の一一月一日だった。西表島におけるヤエヤママルバネの発生期のピークは例年、一〇月中旬から下旬までと言われている。つまり、一一月初旬は最後のチャンスでもあった。

西表島には四泊五日滞在する予定だった。西表島は、石垣島からフェリーで四〇分ほどの距離にある。前後で石垣島に一泊したので、全部で一週間の取材旅行になった。本来は最盛期に乗り込みたいところだったのだが、日程をやりくりし、何とか確保した一週間だった。

採集のチャンスは四日間ある。それだけあれば、たとえ採れなくても「やることはやった」と言えると思った。

ところが最初の二日は、まるでスコールのような大雨だった。私は、心の中で快哉《かいさい》を叫んでいた。

やった！　山に入れない！

雨になるとマルバネクワガタは木の表面に現れないのだ。

私は前年の同時期にも、西表島を訪れていた。ただし、そのときは取材で知り合った経験者の後ろをついて回っただけだった。

西表島は島の面積は、およそ二九〇平方キロメートルもある。東京二三区の半分くらいの大きさだ。そのうち約九割がジャングルだ。

西表島は稀少な固有種、イリオモテヤマネコの生息地だ。生息環境を乱さないよう島には、島の右半分、海沿いに延びる約五〇キロの県道一本しかない。この県道から枝分かれした小さな道はあるものの、ジャングルを横断できる道も、島をぐるりと回れる道もない。したがって、山深く分け入ろうと思ったら、国道脇に車を停め、そこから自分の足で入って行くしかなかった。

ジャングルは山のようにはっきりとした尾根や谷があるわけではない。細かな凹凸が続くため、似たような景色が多く、方向感覚を失いやすい。西表島では年に数件、遭難者が出て、まれに見つからないケースもある。

そもそも本格的なクワガタ採集自体が初めての自分にとって、西表島はハードルが高過ぎた。なので、二〇一七年は経験者を頼った。お陰で気分的には楽だった。しかし、体力的にはかなりハードだった。何人かのクワガタ屋に連れて行って欲しいと相談したのだが、ほとんどの人がこう顔をしかめた。「ついてこれますかね」と。

ぱっと見、私の体型は、そこまで運動不足には見えないと思う。年齢も四十代後半と、現代では、そこまで体力面を心配される年齢でもない。月に数回だがジョギングをしているし、同行取材で登山などをすることもある。なので、体力にまったく自信がないわけではなかったが、マルバネ採集の程度がまったく想像つかず、答えに窮《きゅう》した。

ただ、正直に告白すれば、少々なめていた。

採集初日は、夜七時半に入山し、深夜一時半まで約六時間、マルバネを求めて森の中を彷徨《さまよ》った。崖あり、谷あり、沢あり、（植物の）棘《とげ》あり。疲労はマラソンとも、登山とも違った。アップダウンがきつく、足を常に踏ん張っていたため、足の爪が皮膚に食い込み指先がじんじんと痛んだ。山を出る頃には足にほとんど力が入らず、小石ほどの障害物ですらつまずきそうになる始末。

また、ジャングルの中は涼しいもののじっとりしているため、汗だくになる。思考能力が奪われ、後半は、宿に戻って飲むビールのことばかり想像していた。

案内してくれた人には何度も「すごいですよ。普通、足とまっちゃいますから」と褒められたが、あと一時間、採集が続いたら、ギブアップしていたかもしれない。

ちなみに、その日の成果は、わずか一頭だった。前の方で、「いたっ！」という声が聞こえたので駆け寄ると、腐って途中から折れたスダジイの古木に五〇ミリほどのオスが止まっていた。中歯型だった。

二日目は林が案内してくれた。その年はどうやら「ハズレ年」だったようで、林は端《はな》からあきらめ気味だった。

「簡単なところで三時間くらいやって、ビールでも飲みましょうか」

前日のことがあったので内心、ホッとした。ところが、林は細かな木々が生い茂った藪のあるところばかりを行く。こちらは木々の圧力に負け、しかも足元の形状も気になるので、一メートル進むのにもぜいぜい言っている。それに対し、林はまるでススキ野原を行くかのように藪の中をすいすいと進んでいく。なんなのだ、この差は。

林はそんな調子で、スダジイの木を見つけると、まるでワープするかのように一瞬にしてそこへ移動した。そしてじっくりと木をチェックする。それが終わる頃に私はようやく追いつく。その繰り返しだ。短時間だったが疲労度は前日とほとんど変わらなかった。

クワガタ屋は一見すると、文化系で、大人しそうな人も多い。しかし、そんな人たちも、ひとたびクワガタのことになると、とんでもない力を発揮するのだ。彼らが隠し持った体力に畏怖《いふ》すら覚えた。

初めてのマルバネ採集も、それなりに収穫はあった。だが、また来なければならないと思っていた。しかも、今度は必ず一人で。

理由は二つあった。西表島にもハブは生息している。ただ、サキシマハブだ。経験者である彼らは、ほとんど恐れていないように映った。そんな彼らと一緒にいる私も、安心し切っていた。それでは本当の意味でマルバネ採集をしたことにはならない。

そして、もう一つ。他人についていっただけでは、マルバネクワガタを見つけても、まったくといっていいほど感動がなかった。それでは、彼らがこのクワガタに身も心も捧げた理由がわからないではないか。

ただ、望んでいたこととはいえ、一人で行くとなると、心配事が次から次へと湧いてきた。最大の懸念は、やはり「道迷い遭難」だった。

いちばんの遭難対策はGPSを持ち歩くことだ。そこはケチってはいけないと、アマゾンで四万一七〇〇円もするガーミン社製のGPSを購入した。

あと、ポイズンリムーバーも購入した。前年は、サキシマハブくらいなら咬まれても必要ないだろうと言われ、持って行かなかった。ただ、一人となるとそうはいかない。いくら毒性が弱いとはいえ、山奥で咬まれ、帰路、毒が回って歩行困難になったらことだ。なので、それもアマゾンで購入し、いざ咬まれると焦ってうまくいかないと聞いていたので、事前に何度も練習しておいた。

西表島へ行く一週間くらい前から、すでに憂鬱で仕方なかった。

それだけに初日、二日目と続いた雨は、まさに天の恵みだった。いっそのこと、四日間ずっと雨でもいいと思った。それなら、採集するつもりできたけど、たまたま天候に恵まれなかっただけ。つまり、逃げたわけではない、と自分に言い訳できる。

ところが三日目は憎たらしいくらいの晴天になった。さすがに動かないわけにはいかない。昼間、まずは下見をした。前年、林に連れて行ってもらったところから山に入る。しかし入口はわかったが、そこから先はまったく記憶がない。あまり手前で採集するのも味気ないので、なるべく奥へ奥へと入り、スダジイがところどころ生えているポイントに出る。山に入り、一時間半ほど経ったところで引き返した。往復で三時間程度が初心者の行動範囲としては限界だろうと判断した。

軌跡はＧＰＳに残る。夜は、そこを辿《たど》ればいいだけだ。

そうして、決戦の夜を迎えた。

宿から山の入口まで車で二五分くらいだ。西表島の道路は真っ暗である。イリオモテヤマネコは低地、特に道路沿いにその多くが生息している。道路でひかれた小動物など、エサ場としても好都合だからだ。夜行性だけに、今にもイリオモテヤマネコが飛び出してきそうで、ドキドキする。飛び出してきたら急ブレーキをかけて停止しなければならないことを考えると、時速三〇キロほどが限界だった。

県道沿いのちょっとしたスペースに車を置き、いよいよジャングルに踏み入る。その頃にはもう覚悟は決まっていた。最低でも、日中辿ったコースを一往復はしよう。

ＧＰＳを失くしたら即遭難である。なので、ストラップをつけ、それを手にぐるぐる巻きにした上で、手でしっかり握ることにした。

ジャングルは夜、目覚める。命が躍動する気配が途端に濃密になるのだ。虫の鳴き声、カエルが喉を鳴らす音で闇は充満し、時折、がさがさと小動物が動く音がする。影に塗りつぶされ、輪郭を失ったジャングルが巨大な生命体のようにも思えてくる。

スダジイの木がヘッドランプの灯りに浮かび上がるたびに、心臓の鼓動が速くなる。二度ほど、ゴキブリをマルバネと勘違いし、心臓が跳ねた。

一時間ほど歩いた頃、前方の落ち込み際に、ツルが幾重にも巻き付いた、直径一メートルはあろうかというスダジイの大木が現れた。いかにもいそうな雰囲気である。表面をヘッドランプで照らす。いない。斜面を慎重に降り、裏側へ回る。そして、顔を上げた瞬間だった。

体中を歓喜が駆け巡った。木の裏側は腐食し、縦に大きくえぐられたような穴ができていた。顔の高さ、距離にして三〇センチほど先に、逆さまになった赤褐色の輝きが張り付いていた。

重厚感のある胴回り。品のある丸っこいシルエット。そして、風格さえ感じさせる佇まい。今度こそ、間違いようがなかった。

じっとしていたが、前後左右に激しく揺れる触覚が、静かに生命を主張していた。

なかなかのサイズである。六〇ミリはないだろうが、それに近い。あごは小さいものの内歯が消え、弓状になっている。立派なダイシだった。

ファーストマルバネが、いきなりダイシとは！

ファーストマルバネを手に入れた感動の瞬間！

クワガタ屋の中には、何年もかかって、ようやくダイシを手に入れたという人もいる。にもかかわらず、私はほんの一時間で出会えてしまった。ヤエヤママルバネは比較的ダイシが発生しやすいと言われるものの、僥倖《ぎょうこう》であることは間違いない。

あとで聞くと、その年は前年とは打って変わり「当たり年」だったようで、他の採集者も例年以上に収獲があったという。

現場の写真を撮り、その個体をプラスチックケースに収めた。それでもまだ木から離れがたく、スダジイの巨木を下からしばらく見上げていた。アドレナリンが噴出したあとの余韻《よいん》。それがたまらなく心地よかった。

改めて木の周りを一周しようと斜面を上がると、細長い物体が光から逃げるように木の裏側へ回り込むのが見えた。悪寒が走る。それをきっかけに「恐怖スイッチ」がオンになった。それがハブだったかどうかもわからない。サキシマハブはさほど危険ではないという知識も一瞬にして忘却の彼方へ葬《ほうむ》り去られた。とにかく、一分でも、一秒でも早くジャングルから抜け出したくなった。

恐怖が歩幅を広げ、足の回転を速める。いちおう帰りもルート上にあるスダジイの木だけはチェックした。すると、先ほどのダイシよりも鮮やかなルビー色をした個体を発見する。今度は小さめの中歯型だった。だが、先ほどのような興奮はもはやない。

自分で小枝や草を踏みしめる音すらも何かに追いかけられているような錯覚を引き起こし、恐怖を増幅させた。途中、目の高さにあったツルをハブと勘違いし、絶叫してしまった。足がもつれ、転倒する。そこからは完全に冷静さを失い、半ば狂乱状態に陥った。カエルが飛びのくたびにおののき、川を渡るときにはヘッドライトの灯りに反射する川エビの目にまで縮みあがった。

二、三度、転倒しながら、まさに這《ほ》う這《ほ》うの体《てい》で国道まで戻ってきた。そこまできて、ようやく悪い夢から覚めたように心の底から安堵した。体に体温が戻り、血が巡り始めたように感じられた。

無事生還したことで、再び、今度はじんわりと達成感が湧いてくる。早く祝杯を挙げたかった。

宿に帰って、真っ先にシャワーで汗を洗い流す。生き返る。畳の上に二頭のヤエヤママルバネを並べ、琉球ガラスの分厚いグラスにオリオンビールを注いだ。黄金色の液体が、まるで自分を祝福してくれているかのようだ。

自然の奇跡に、乾杯。

ほれぼれするようなシルエットだった。物差しを当てると、ダイシの方は五八ミリほどだった。ヤエヤママルバネはアマミマルバネなどと違って、五七、八ミリくらいから安定して大歯型が現れる。六〇ミリの大台には届かなかっ

オリオンビールで乾杯！

たが上出来である。

恍惚《こうこつ》としていた。遅ればせながら、男の通信簿の昆虫採集の欄に「5」を入れてもらったような気分だった。

翌日も同じルートを一往復だけした。結果は「坊主」。しかし、もう十分に満足だった。ハブの森で、ダイシに会えたのだ。

誰だったか失念してしまったが、クワガタ屋の一人の言葉を思い出す。

マルバネを見つけたとしても、すぐに手を伸ばさないように——。

マルバネの発生木にはハブがいることが多いから、というのがその理由だった。私も初めてマルバネを捕まえた木で、初めてハブを見た。ハブかどうか確認するほどの余裕はなかったが、その論に従えば、おそらくハブだったのではないか。

それにしても何か根拠はあるのだろうか。何度も誰かに聞こうとし、でも、その都度、思いとどまった。こう思っていたかったからだ。

ハブはそうして何万年もの間、マルバネを守ってきたのだ、と。

規制の波

二〇一九年秋も私は一一月に入ってから一人で西表島を訪れた。三年目は意図的に一一月にした。ピークを外した方が採集者が少ないからだ。

もはやマルバネは採れても採れなくてもどちらでもよかった。取材にかこつけて西表島で一人の時間を満喫できることが楽しかったし、夜、一人でジャングルに入ること自体が悦《よろこ》びだった。イリオモテヤマネコや、マルバネクワガタや、ハブの存在をどこかに感じながら、闇の中を彷徨う。濃密な生に身を浸すことは、五感が研ぎ澄まされていくような快感があった。

その年は、初日にオスのショウシ一頭とメス一頭の計二頭を発見。二日目は坊主。前年と同じパターンだった。

私の通算採集数はこれで四頭になった。しかもきれいにダイシ、チュウシ、ショウシ、メスとそろった。

ただ、来年はもう来られないかもしれない、そんな雰囲気を感じた。

西表島は広大だが、クワガタ屋が入る場所はだいたい決まっている。それでも一、二年目は、他の採集者とポイントがかぶることはほとんどなかった。ところが三年目の二〇一九年は、ピーク期を外したにもかかわらず、二日とも入口の広場に五、六台の車が停まっていた。ポイントが限られているとはいえ、あまりにも多過ぎた。その時期、夜間にジャングルに入るということは十中八九、ターゲットはマルバネだろう。

帰るとき、ワイパーに一枚の黄色いチラシが挟まっていた。

〈西表島へ訪れたみなさんにお願い！　希少種の持ち出しに注意しましょう〉

そこには国の天然記念物に指定されているヤエヤマセマルハコガメや、国内希少野生動植物種に指定されているコガタハナサキガエルなど十種類の動植物の写真が載っていた。ヤエヤママルバネは規制の対象にはなっていないが、夜、こうしてチラシを置いていくということは、その矛先《ほこさき》はクワガタ屋にも向いていることは明らかだった。その黄色いチラシには小さいけれども、はっきりとした敵意が付着していた。

口の中に苦いものが広がる。

じつは私が西表島ばかり訪れているのには理由があった。マルバネ採集を思い立った二〇一七年時点で、それが許されている地域はもはや西表島しかなかったのだ。

西表島にはただでさえ採集者が集中していた。その上、二〇一九年はクワガタ屋の間で、いよいよ西表島もマルバネ採集に規制をかけるようだという噂が立った。今年が最後になるかもしれないという焦燥感が、さらに採集者を急増させたのだ。

マルバネは見つかった瞬間から、すでに絶滅へのカウントダウンが始まっていた——。よくそのような言われ方をする。

マルバネクワガタは国産クワガタの中では生息域が狭く、その上、スダジイの老木という限られた樹木に依存している。したがって個体数は決して豊かだとは言えない。

九州大学の教授で、長年、マルバネクワガタの研究をし続けている荒谷《あらや》邦雄《くにお》が話す。

「八〇年代、マルバネの採り方がわかったときは、すでに消える前のロウソクのような状態だったんだと思います。一九七〇年代ぐらいの航空写真を見ると、やんばるの森も、奄美の森も、ほとんどみんな木は伐採し尽くされていた。残っていたのは急峻《きゅうしゅん》な谷の木とか、重機を入れることのできないほんのわずかな土地の木だけです。マルバネクワガタは、そういうところのスダジイの木で生き永らえていた。ただ、伐採は森の乾燥化をまねきます。そうすると、マルバネの幼虫はフレークを食べるんですけど、そのフレークが乾燥してかちかちになってしまう。また、土の繭《まゆ》のようなものの中で幼虫からさなぎになるのですが、土が固くなると、そこから出てこられなくなってしまうんです。乾燥化の影響が深刻になってきたところで、さらに、マルバネの採集ブームが来てしまった」

　最初に危機にさらされたのは、請島産のアマミマルバネだった。請島は周囲二四・八キロ、面積一三・三四平方キロメートルの小さな島だ。人口は百人弱。マルバネクワガタの生息地としては世界最小だという。

　定木が初めて訪れた離島、御蔵島を〈面積は二一平方キロメートル。関西国際空港ほぼ二つぶんくらいの大きさだ〉と書いたが、それよりもさらに小さい。

　このサイズの島だと、すべてのスダジイの木をほぼ把握できる。そして、これまで生息が確認されたのは島の西部、標高三、四百メートル地点のみで、その面積は余裕をもって見積もっても約三平方キロメートルほどだという。

　荒谷が続ける。

「虫屋さんの間では、人間が虫を採りつくせるわけがないという議論によくなるんです。虫って、本当にたくさんいますからね。確かに昆虫の生命力に比べたら、人間の採集圧などたかが知れてます。でも、ある山の山頂部分くらいの虫なら採り尽くすことはできますよね。面積で言えば、島はいわば山の山頂部分みたいなもんじゃないですか。その中でシイの木が残っているところなんて、猫の額《ひたい》みたいなものなんですよ。虫への影響ということでいったら、確かにダム開発や森林伐採の方がはるかに大きい。でも、それらの影響で著《いちじる》しく減少し、虫屋による採集圧がとどめを刺すということはありえると思います」

採集圧とは、虫屋による採集被害のことだ。

請島で初めてマルバネクワガタが発見されたのは一九八八年のことだ。そして、既述したように九二年にはアマミマルバネとしては初だと思われる完全大歯型が発見され、翌九四年には「ウケジママルバネクワガタ」として亜種認定を受ける。そのあたりから採集者が殺到し始めた。

虫屋が増えると、どうしても中には無作法な者も現れる。手荒な採集者は木を割るなど貴重な老木を破壊するだけでなく、洞の中の木くずに埋まっている幼虫まで根こそぎ持って行った。また、個体数を維持するにはメスを採り過ぎないことが肝要なのだが、そんなことにもお構いなしで見つけたものはすべて採集してしまう。発生環境そのものを消滅させてしまうのだ。

私を案内してくれた採集者は絶対にそんなことはしなかった。極端な話、地面の葉っぱ一枚、ひっくり返そうとはしなかった。破壊しないのはもちろん、動かすことすらしない。その姿には、ありのままの状態で採集するのが真のクワガタ屋なのだというプライドがにじんでいたものだ。

また根本的なマナー違反者もいた。荒谷が顔をしかめる。

「虫屋って、ただでさえあやしいんですよ。マルバネを採集にくると、一晩中、宿にいなくて、朝帰ってきて、昼間はずっと寝てるわけですから。小さな島で、そういう人がいるとすごく目立つ。なので、森の中で缶ビールの空き缶なんかが落ちてるだけで、島民はものすごく嫌な気分になるんです」

地元民との間に摩擦が生じるようになり、定木や林が発行していた『イマキラ』でも、この頃、請島を訪れる採集者へマナーを守るよう呼びかけている。

〈例えば、一人の採集者がマルバネの幼虫を掘るために山に入り、イノシシの罠を壊してしまったとします。小さい事のようですが、その一人のおかげで、島民が虫屋全体を見る目が変わってしまいます。これからは、採集欲に目が眩んで地元の人達に迷惑をかける事

のないような大人の採集を心がけましょう〉

（『イマキラＮｏ５』一九九五・一）

請島では実際、それが採集圧だという確証はないものの、目に見えてマルバネが減少していった。そして一九九六年、定木らの呼びかけも虚《むな》しく、地元採集家の働きかけでウケシママルバネは町の天然記念物に指定され、以降、採集禁止になった。一九八八年に発見されてから、わずか八年後の出来事だった。

日本産クワガタとして、ウケジママルバネクワガタは日本で初めて規制の対象となった。それは日本全国、どこでも自由にクワガタが採れた時代の終焉でもあった。

ネットオークションによる弊害

新世紀を迎え、クワガタ屋への逆風は一段と激しさを増していった。

その装置の一つとなったのは、一九九九年に始まった「ヤフオク！」「ビッターズ」などのネットオークションサイトである。

それまで昆虫売買の世界は小さな世界だった。かつて昆虫商として自立するのは、そう簡単なことではなかった。標本はどこで採ったものかで価値がまったく変わる。そうしたデータの拠《よ》り所となるものは標本商の人間性だけだ。また販売ルートをつくらなければならない。信頼を得て、商売を軌道に乗せるまでに相応の時間がかかった。

ところがネットオークションの登場で、誰もが標本商になれる時代がやってきた。荒谷が説明する。

「ネットはハンドルネームを使えば本名を明かさずに済む。なので、副業としてやるには好都合なんですよ。また、匿名なので、アンダーグラウンドの商売もしやすい。つまり採集禁止になった個体を密売するんです。ネットオークションで一度、顧客になってしまえば、そこからは一対一のやりとりができますからね」

世紀の変わり目は、あらゆる面において、クワガタ界の一大転換期となった。

ネットオークション元年となった一九九九年、もう一つ、大きな出来事があった。生きた外国産クワガタの輸入が一部解禁となったのだ。それによって、九〇年代にオオクワによって起きた養殖ブームがさらに加速することになる。

その流れは、むし社にも変革をもたらした。二〇〇一年に年四回発行の季刊誌『ＢＥ‐Ｋ

UWA』を創刊。同誌はブリーダー向けのクワガタ雑誌だ。近年は一万部程度で落ち着いているが、好調時は二万部以上売り上げていた時期もあるという。藤田が説明する。

「『月刊むし』的な人種は、ざっとですけど、日本で一万人くらいなんですよ。戦後から今までずっと。一方、『BE-KUWA』みたいなのを読んで飼育している人たちは十万人くらいいると言われています。十倍も違うんです」

また、『BE-KUWA』創刊の直前、『月刊むし』は二〇〇〇年四月号で重大発表を行った。定木が人生を捧げた「クワガタ・ギネス」の終了を決めたのだ。理由は養殖ものを野外品だと偽る報告がエスカレートしてきたことだった。

同誌で藤田は〈クワガタ・ブームから新しくクワガタムシを始める人が急増していますが、その中には残念ながら、自分が目立つことができるならば、どんなウソでも平気でつける人が出てきました〉と戸惑いを隠さない。

そして、こう怒りをにじませた。

〈私自身を含め、毎年野外でクワガタを採集している人達にとっては、ギネスに対する想いは真剣なものがあったと思います。ハブのいる原生林へ入っての採集などは、まさに命がけです。そんなギネスに、ウソの申告が寄せられてくると、正直言って、激しい怒りを覚えます。

「自分の採ったクワガタが一番大きい……」なんてことを競う企画は、一見子供の世界の遊びそのものですが、男はいつまでたっても子供の部分が残っています。こういうバカげたことこそ、大人（男の大人）の高尚な趣味の世界だと、ずっと思っていました。バカげたことこそ、真剣にやらなければ面白くもなんともありません。ウソをつく人間が入ってきては、それだけでおしまいです〉

胸に迫るものがある。

そう、ギネスなど所詮、子どもの遊びなのだ。でも定木や林は遊びだからこそ、滑稽なまでに真剣に向き合った。遊びで手を抜いたら、それは自分を裏切ることになるからだ。

ただし、ギネスを終了した後も、むし社は、信用できる人物の信用できる採集個体に関しては『月刊むし』で発表するなど、それなりの扱いを続けた。なので、定木ら古株の採集組は、変わることなく夢を追い続けることができた。

クワガタ市場の急拡大は、これまでの虫屋とは毛色の違う人たちを次々と呼び込んでしまった。

先ほど、ネットオークションによって違法売買がはびこるようになったと書いたが、ネットオークションはもう一つ、大きな変容をクワガタ界にもたらした。

それまで昆虫の売買は、複数の標本商が集まって開催される即売会や、電話によるやりとり等に限られた。したがって、その内情は一般人の知るところではなかった。ところが、ネットオークションは誰でもアクセスできる。それによって、これまで見えなかった昆虫の売買の様子が可視化された。

昆虫とはいえ、中には数万円、あるいは数十万円で取り引きされているものもある。世界最大のカブトムシ、ヘラクレスオオカブトムシの超大型個体などになれば、稀《まれ》だが数百万の値がつくことさえある。

海外から輸入されたものや養殖ものであれば、どんなに高い値がつこうとも、誰も感情を害されることはないだろう。まったく関係のない世界だと無関心でいられる。

しかし、それが小さな離島で採集されたクワガタで、しかも、それが何万とか十何万といった額で取り引きされていることを知ったとしたら……。

西表島で地元の人にクワガタ屋のことをどう思うかと尋ねると十中八九、「島のものを勝手に持って行って……」と表情を曇らせた。

島のもの。この感覚は、小さな島に住んでいなければ持ちえない独特のものだろう。これまでの人生で計二〇〇回ほど離島を訪れたという藤田が言う。

「島は基本的に閉鎖社会だから。知らない人が来ただけでも警戒するわけですよ。僕なんかも研究者だと理解してもらえるまでは、相当、苦労しましたよ」

荒谷はネットオークションでの取引が「地元の人の感情をもっとも害した」と話す。

「自分ちの庭のものを勝手に取っていって、それを売ってるという感覚になる。島の人って搾取された歴史があるから、島のものを持って行かれることにものすごく敏感なんだと思う。採集禁止の波は、もともとそこから始まったわけ」

その波は二〇〇〇年代、どんどん大きくなっていった。

二〇〇四年、村の条例でトカラ列島での昆虫採集が全面的禁止になった。定木がタカラヒラタのギネスをつかまえた宝島などを含む地域だ。

続いて二〇〇七年、ミクラミヤマが生息する御蔵島と神津島《こうづしま》も規制に動いた。御蔵島は昆虫採集を全面的に禁じ、神津島はミクラミヤマのみ採集禁止にした。

マルバネの生息域で、請島に続いて問題が起きたのは与那国島だった。

与那国問題

〈商業乱獲で絶滅の危機　与那国固有種のヨナグニマルバネクワガタ〉

そんな見出しの記事が八重山毎日新聞に掲載されたのは、二〇〇九年一〇月七日のことだった。同紙は八重山諸島の中心地・石垣島ではシェアナンバー１の地元紙だ。

繰り返しになるが、ヨナグニマルバネとは日本の最西端、「国境の島」である与那国島に生息するヤエヤママルバネの亜種である。

同記事は、沖縄大学研究員の下地《しもじ》幸夫《ゆきお》が学会誌「野生生物と社会」（二〇〇九年五月）に提出した「商業的大量捕獲によって絶滅寸前に追い込まれたヨナグニマルバネクワガタ」という論文がもとになっている。

与那国島はマルバネクワガタが生息する島の中では、請島の次に小さい。面積は二八・九六平方キロメートルと請島のおよそ二倍だ。九七年、一八歳のときに与那国に移り住んだ村松稔が来島時の生息状況を思い出す。

「その頃は、もうかなり少なくなっていました。人（採集者）も山にたくさん入っていましたし。来てから三、四年、一生懸命、マルバネを探しに行ってましたけど、何日か入って、一匹採れるか採れないかという感じでしたね」

村松は既述したように、たまたま七〇ミリのオキナワマルバネを採集してしまった強運の持ち主でもある。村松は与那国島の自然に惹かれ、名古屋から移住してきた。カメラはセミプロ級の腕前で、島の動植物をまとめた子ども向けの『与那国島の自然と動植物』という本もつくっている。いわば与那国の自然に関するスペシャリストだ。現在は与那国町教育委員会で文化財担当を務める。

与那国も他の生息域同様に発見時、すでに危機的状況にあったのではと村松は推測する。

「与那国は大きな木は一度、ほとんど伐採されているんです。なのでシイの木のような大木は人の手が入りにくい斜面とか谷筋にしか残っていなかった。その上、生息域の周辺に公園などをつくったものだから、森の乾燥化が進み、ますます生息環境が悪化してしまった。与那国くらいだと、すべてのシイの木を見られるくらいの規模ですから。そんな中で採集圧がかかれば、影響はあったと思いますよ」

与那国島はマルバネの生息地の中で唯一、ハブがいない。そのため、そもそも採集しやすかったし、また、こんな業者も出現した。荒谷が言う。

「本州の業者が地元のおじい（おじいさん）やおばあ（おばあさん）に採集を依頼したんです。ハブもいないから入りやすいですしね。それで、地元の人が『卵』を何百個という単位で業者に卸していた。マルバネは幼虫のときに土を丸めて卵型の繭をつくるんですよ。それを僕らは卵と呼んでいたんだけど、それを割ると成虫が入っているわけです。一人が何百個という単位で採ったら、それは減りますよ」

じつは下地のレポート「商業的大量捕獲によって……」は、そうした地元の一人の採集者の売上額や採集数のメモが基本データになっている。

下地レポートによれば、一九九〇年は六〇〇頭、九一年と九二年は五〇〇頭と、最初の三年はたくさん採れているが、九五年に二〇〇頭になり、九六年以降は二桁に激減し、二〇〇一年から〇三年までは〇頭となっている。以降は別の複数の採集者のデータに変わり、〇四年から〇六年までは十頭前後しか取れなかったと報告している。

ちなみに一九九〇年から九五年までは売上額のメモしかなかったため、一頭平均五〇〇〇円で取り引きされていたこととし、そこから推定された頭数だ。売上額の表記がなくなった九六年に入った途端、頭数が激減しているのも不思議だ。

下地のレポートに協力者として名前の挙がっている村松も、採集圧によって減ったことは認めるものの、このレポートには懐疑的だ。

「僕はあんまり信用してません。（論文に登場する）地元の採集者は相当高齢で、最後の方はほとんど採りに行っていなかったので。数頭しか採れていないと書かれている年も、もっと採れている人は採れていましたから」

そもそも昆虫の生息数を数えるのは相当、難しい。村松が続ける。

「哺乳類のように母親が一年に一頭しか子どもを産まないというのであれば個体数をある程度まで把握できるかもしれませんけど、マルバネクワガタは一度に百とか二百とか卵を産んで、成虫になるまで三、四年かかる。自然変動が大きく、一年で一気に出現数が変わることもあります。減ってると漠然としたことは言えても、どれくらい減ってるかはわからないと思います。ただね、ああいう記事が新聞に載ったりすると、一般の人はそれを信じてしまうので」

数字だけに着目すれば、十年で六〇〇頭から絶滅寸前まで追い込まれたとも読める。あまりにも極端だ。

藤田も下地レポートに関しては〈科学的な論文とはとうてい言い難い〉〈下地論文で出さ

れている数字はまったくの論外〉（『日本のマルバネクワガタ』）と断罪している。

また、この記事にはインターネットオークションで高額で取り引きされているという情報も盛り込んであったため、「採集者＝あこぎな商売人」というレッテルを貼られてしまった。

村松は採集者の気持ちもわかるし、地元の人の気持ちもわかると言う。

「与那国はクワガタに限らず、迷蝶《めいちょう》といって、タイワンとかフィリピンから飛んでくるチョウを狙ってたくさん人が来るんです。でも、そういう記事が出ると、島の人は、どうせ売っているんだろう、儲かるんだろうとなる。だから、こんな島まで来て、あんなに一生懸命採ってるんだと。そうじゃないよって言っても、そこはなかなか伝わらないんです。ほとんどの人は自分のために採ってるだけなんですけどね」

この新聞記事が引き金となり、二〇一一年、ヨナグニマルバネは「絶滅のおそれのある野生動植物の種の保存に関する法律（種の保存法）」に基づき、環境省より国内希少野生動植物種に指定される。俗に言う「種の保存法」指定種だ。

希少野生動植物種の指定は、県や町村がする場合もあるが、法律によって守られるのはヨナグニマルバネのように国が指定した場合に限られる。ちなみに天然記念物も国や各自治体が指定できるが、こちらは必ずしも「希少種」である必要はない。

つまり自然保護の観点からいくと、「種の保存法」指定種は、最高ランクの保護を受けたことになる。採集はもちろん、売買、譲渡も禁じられる。これらに違反した場合は「五年以下の懲役、もしくは五〇〇万円以下の罰金」という厳罰に処せられる。

ところが、この後、二〇一六年春、与那国島に自衛隊が配備されることになった。それにともない、インビ岳の山頂にレーダーが建設されることになったのだが、そこはヨナグニマルバネの貴重な生息地でもあった。これに対して村松は断固、反対したそうだ。

「マルバネが住む原生林は、ランとか、ものすごく貴重な植物もたくさんあるんです。なのに、指定直後にインビ岳にレーダーを建てるっていうので、環境省は把握してないのかなと。国で指定しといて、次の物事が動いたら、そんなのもう関係ないのかって思うじゃないですか。ただ、防衛省は知らなかっただけだと思います。お願いしたら森林は外してくれました。その隣の、すでに開発されていた牧場に建ててくれたんです」

村松は教育委員会で働く前、自ら創設に関わった島内のアヤミハビル館に一〇年間勤めていた。与那国島で初めて見つかった国内最大のガ、ヨナグニサンの資料館である。その資料館に七〇ミリのオキナワマルバネの標本も保管してあるというので、取材翌日、島を離れる前にタクシーでアヤミハビル館へ立ち寄った。やや不便なところにあるため、タクシー代が惜しかったが、七〇ミリのマルバネを観るためならと奮発した。

七〇ミリ個体の実物大の標本写真は見たことがあったが、質感はやはり本物でないと伝わらない。どんな個体なのだろうと心臓が高鳴った。多くのクワバカどもが夢に見た日本でいちばんでっかいマルバネクワガタである。その個体が日本の最西端の地にあるというのもドラマチックだった。

資料館にはアヤミハビル以外の昆虫の標本もたくさん飾られていた。マルバネも複数、展示してあったが、どの個体も、どうみても七〇ミリもあるように見えない。不思議に思い、村松に電話で確認すると、展示はしていないとのことだった。体の力が一気に抜けた。

今度、いつ与那国島に来られるかわからないので、特別に観ることはできないかと懇願したが笑って断られた。南国は本土と違って湿気が多いため標本の管理も大変なのだという。きっと大事にしまってあるのだろう。

とはいえ、ここまで来たのだから観たかった……。今も頭の隅っこには夢の残滓《ざんし》がこびりついている。

夢の終わり

ヨナグニマルバネが「種の保存法」指定種となってからは、一気呵成《いっきかせい》だった。

二〇一三年、奄美大島のアマミマルバネが市町村の条例により採集禁止になり、翌一四年、それに呼応するように徳之島産アマミマルバネが町の条例で採集禁止になった。これによって定木が追い求めたアマミマルバネは一般人の手の届かない種となってしまった。

さらに二〇一五年、石垣島のヤエヤママルバネが市の条例によって採集規制種となり、続く二〇一六年には沖縄本島のオキナワマルバネが「種の保存法」指定種となる（同年、ウケジママルバネも「種の保存法」指定種に格上げされた）。

二〇一一年からわずか六年で、与那国島、奄美大島、徳之島、石垣島、沖縄本島の五島がマルバネの採集禁止へと舵《かじ》を切った。

現在も採集が可能なのは西表島だけとなったが、採集者のマナーが悪く、規制がかかるのは時間の問題ではないかとも言われている。

本当の意味でのプロのクワガタ屋は、漁師が漁場を守りつつ漁をするように、採集場は決して荒らさない。資源が枯渇するくらいなら、「少漁」でも長く採集活動を続けられる方がいいからだ。地元の人ともトラブルにならないよう細心の注意を払っている。

荒谷に言わせれば「にわか」の増加が問題なのだと言う。

「最近、マルバネを始めたばかりのような若い虫屋が無茶をする。メスでも、小さいのでも、なんでも採っちゃう。平気で枝は折る、ゴミも捨てる。宝探しみたいな感覚できて、採れたらＳＮＳにピースして写ってる写真をあげちゃったり。そんなことしたら、また、地元の人の感情を逆《さか》なでするってことがわからないのかな。あと、最近の若い人はコミュニケーションがとれないでしょう。だから、余計に怪しまれるんです。今、学会で虫屋のマナー集というのをつくろうとしていて、『地元の方にあいさつをしましょう』というところから始めてるの。あと『ゴミは捨てるな』とか、『法律は守れ』とか。当たり前のことばっかりなんですけどね」

相次ぐ規制で行き場を失ったクワガタ屋たちは悲嘆に暮れた。アマミマルバネに心血を注いだ杉原は言う。

「僕はアマミマルバネが大量発生した二〇一二年、二〇一三年と、いずれも仕事で行けなかったんです。あれは僕の人生で最大の不覚です。何のためにずっと通っていたのか。自殺したくなりましたもん」

奄美大島、徳之島では皮肉なことに規制がかかる直前、まれにみる「大当たり年」となった。マルバネの生息数をはかることは本当に難しいと話すのは石垣島の花谷も同じだ。

「マルバネって、採れる年と採れない年、ものすごく波があるんです。環境に左右されやすいんでしょうね。干ばつとか、冬の雨とか、乾燥とかで、ほとんどいなくなっても、次の年、すごくたくさん採れたりもする。増えるとき、信じられないくらい増えますから」

花谷に石垣島の規制についてどう思っているのかと問うと、あっけらかんとした口調でこう言った。

「どうも思ってない。バカバカしいとは思ってるけど。石垣島に関しては、採集圧はゼロでしょ。それよりも山の環境を守らないと。バンナ岳って、ちっちゃい山があるんですけど、あそこは昔、すごくたくさん採れた時期があったんです。でも、県立公園をつくっちゃったもんだから、ほとんどいなくなっちゃった。今も山をどんどんいじっているからね。場所によっては、ほんとにいなくなる可能性はあるでしょうね」

請島、与那国の規制に関しては、島の規模、減少の深刻さを考え合わせると、クワガタ屋たちはどこかでやむを得ないことだとあきらめていた。

しかし、二〇一三年から二〇一六年にかけての四島の規制は、事実上、クワガタ屋たちに致命傷を与えた。杉原が振り返る。

「腑抜けですよ。明日から、何を目標に生きればいいんだろう……って」

クワガタ屋たちは大なり小なり、杉原のように魂を抜かれたような状態に陥った。中でも仲間がもっとも心配したのが定木だった。杉原も「定木さんは廃人のようになってしまった」と思い出す。当の本人は、こう苦笑する。

「そういう風に見えたんでしょうね。別にダメだと言うから、やらずに大人しくしているだけだったんですけど。受け取り方はさまざまですから」

とはいうものの、定木の消沈振りは想像に難くない。そんな定木を救ったのが、二〇一四年一月に持ち上がった図鑑『日本のマルバネクワガタ』の企画案だった。あとがきでこう書いている。

〈石垣島で出会った一匹のクワガタムシに心奪われてから、はや二十有余年。無我夢中で南西諸島の山々を歩き続け、気が付けば、誰よりも長い時間をこの虫に費やしていた自分がいました。けれども、そうして得た知見を広く活かす術も見つからないまま漫然と時を過ごす内に、世間では昆虫採集への風当りがますます強くなり、規制の波が足元まで迫って来ていました。このまま手をこまねいていれば、今までの活動が無意味なものと断じられ抹殺されてしまう。そんな不安を覚えた矢先、むし社から一本の電話がかかってきたのです〉

定木は、研究のために採集してきた、とは決して言わない。だが、本質的に探究心が旺盛で、自然の命を享受し生活している以上、採集者はできる範囲で学問の発展に寄与すべきだと考えていた。カメラマンの西野が言う。

「標本商であり、採集者である以上、定木さんにも、表に出せない情報はあったとは思います。でも、出されたものに関しては、この人の知見に嘘はないとみんなが信じていました」

『日本のマルバネクワガタ』の中には、奄美大島、請島、徳之島、沖縄本島、西表島、石垣島、与那国島の順に、それぞれの島で採集されたありとあらゆるサイズの実物大標本写真が計二七三頭、整然と並んでいる。

この図鑑は、彼らのささやかな抵抗の書でもある。

何度も引用したように、図鑑の後半にはクワガタ屋たち一五名の採集レポートが掲載されているのだが、各人ともマルバネ賛歌を謳《うた》い上げると同時に、悲痛な叫び声をあげている。

そもそもマルバネの生息環境に大打撃を与えたと思われるのは、マルバネクワガタの発見以前、高度経済成長期に行われた大規模な森林伐採だ。南西諸島の島々の森林は、そのほとんどが二次林だ。つまり、人工的に植樹された森である。しかも、現在も開発のためのユンボの音は止んでいない。

にもかかわらず、行政サイドは、昆虫への圧力でいったらはるかに小さな虫屋だけを規制し、悪者に仕立て上げた。大がかりな開発事業は、さまざまな利権と思惑が絡んでいるだけに、不用意に反対すればどこから矢が飛んでくるかわからない。一方、少数で、社会的に何の力もない昆虫愛好家ならば、簡単に息の根を止めることができるし、格好のアピールになるからだ。

あるいは地元メディアは、与那国島の記事に象徴されるように、穴だらけのデータをもとに虫屋をスケープゴートに差し出し、島の貴重な財産を守ろうと訴える。

虫屋に責任がないとは言えない。だが、環境破壊と採集の罪の大小を考えると、それぞれに対する罰の重さがあまりにも不釣り合いである。

二〇一〇年代に入ってから、行政は奄美大島、徳之島、沖縄北部、西表島の四地域を世界遺産の候補地にすべく奔走していた。ユネスコ世界遺産センターへ必要書類が提出されたのは二〇一三年のことである。的を外した過剰な規制は、結局のところ、世界遺産認定のための単なるパフォーマンスだとクワガタ屋たちはシュプレヒコールを上げるが、そう見られても仕方ないだろう。

『日本のマルバネクワガタ』の最後で、編集長の藤田は、マルバネクワガタの歴史を振り返りつつ、激しく行政サイドの愚策に噛み付いている。

藤田は請島と与那国島での採集を禁止することに関しては、納得している。

「あれくらい小さな島だと採集圧がないとは言えない。地元の研究者にも、どう思いますかと相談されて、請島と与那国島は何らかの規制をかけた方がいいんじゃないでしょうかと言った記憶があります」

ただし、いずれも「種の保存法」指定種となっていることには疑義を呈している。同指定種になると売買だけでなく、譲渡も禁じられる。実際に金銭のやりとりがあっても譲渡だと主張すれば言い逃れをすることができてしまうからだろう。

個体の行き来が完全に封じられてしまうと、実質、飼育技術も途絶える。なぜなら、手持ちの個体だけで飼育を続けていると、年々血が濃くなり、奇形が生まれたり、産卵しなくなるなどの弊害が生じるからだ。したがって、飼育を続けるには、定期的に新しい血を入れる必要があるのだがそれができない。

飼育技術が継承されていけば、野生種が絶滅に瀕《ひん》した場合、人工的に増殖させることもできる。だが、「種の保存法」指定種に入れられると、人が野生に手を貸すという最後の切り札が使えず、種を守るという本来の目的と矛盾する事態に陥るのだ。藤田が無念そうに話す。

「地下には、増やす名人がいると思うんです。でも、規制の網をかけられたままだと、そういう人は表に出てこられない」

奄美市は条例で一〇種の昆虫を採集禁止にしたが、そのうち、じつに九種がアマミマルバネなどの甲虫だった。徳之島にいたっては、採集禁止にした五種すべてが甲虫である。藤田はこう指摘する。

〈私の考えではヒメフチトリゲンゴロウ（奄美市、徳之島の採集禁止種）を除いて採集圧によって減少が危惧される種類はいない。ヨツオビハレギカミキリ（奄美市の採集禁止種）などは、おそらく年間に数頭が採集されている程度と思われるから、採集圧など皆無に等しく、この選定された種類はたんに珍しい種類を並べたものにすぎない〉

もちろん、珍しいという理由で規制対象種にしてはいけないことはない。しかし、いずれも希少野生動植物種の保護をうたっているだけに、単なる「甲虫屋いじめ」にも思えてしまう。藤田は〈根拠がない（そもそも指定する必然性がない）ような指定種を採集して、厳罰を科せられるのは悲劇以外の何物でもない〉と嘆く。

　ことの発端は、島のものを勝手に持ち去り、それを金に換える虫屋への住民の怒りだった。それを行政が利用したと言えなくもない。

　ただ、マルバネに限って言えば、商売になるかと言えばほとんどならないだろう。与那国島で行われていたように地元民に採集させる方法ならまだしも、自分で何カ月もかけて採集するやり方はあまりにも効率が悪いからだ。

　マルバネクワガタのおよその「価格感」を把握してもらうためにも、手元にある八〇年後半から九〇年代にかけての昆虫業者の販売リストからいくつかの個体とその価格をピックアップしてみる。

ヨナグニマルバネ　（五九・六ミリ）……一三万円

〃　（五八・五ミリ）……一一万円
徳之島産アマミマルバネ（五七ミリ）……四万五〇〇〇円
オキナワマルバネ　（六二ミリ）……六万円
ヤエヤママルバネ　（六三・五ミリ）……六万円

ヨナグニマルバネは大型個体が出にくいため、六〇ミリに届かなくても十数万という価格がついている。

ただし、プロの採集者でも十数万円もの値が付けられる個体は1シーズンに一頭採れるかどうかだろう。五万円前後の個体であっても、そう簡単には採れない。採集した個体のほとんどは一万円前後にしかならない。

無論、クワガタの価値がわからない人間からすると、一万円と聞いてもびっくりするような価格かもしれない。ただ、行くところまで行き着いたマルバネ採集者は、マルバネシーズンになると、約二カ月半かけ、島々を転々とする。交通費、滞在費、レンタカー代、ガソリン代、電池代等を合計すると何十万もかかる。さらに、身の危険を背負わなければならない。それらを考え合わせると適正価格だろう。だからコレクターも金を出すのだ。

こんな話もあった。花谷が証言する。

「請島産の大きいやつは、一〇〇万で売れたらしいね。買った人はマルバネコレクターで、医者なの。だから、お金はあるわけよ」

クワガタ屋の度肝を抜いた、アマミマルバネ初の完全ダイシのことだ。一〇〇万は極端な例だが、当時は、ギネスクラスの個体なら二〇万、三〇万くらい払ってやろうという太っ腹なコレクターが二〇〇人くらいいたそうだ。その頃、標本収集は、まだ金持ちの道楽のうちの一つだった。しかし、今はそんな上客は十人いるかいないかだという。そして、マルバネの標本自体、もはや相当数出回っているので、よっぽど突出した個体でなければほとんど売れない。

仮に超大型個体を見つけて、それを売りに出し、十数万円の値が付いたとしよう。それでも、その何倍もの経費がかかっているので収支で言えば赤字なのだ。

でも、そうした事情を知らない人は、一度でも十数万円で売られていたという情報を得ると、どんな個体でもそれくらいの価格で売買されていると勘違いし、クワガタ屋たちがマルバネで暴利を貪《むさぼ》っているのではないかと想像してしまう。

そして、もう一つ付け加えるならば、マルバネなど国産クワガタをメインに採取するクワガタ屋たちは、金になる個体ほど売らない。自分のコレクションにするからだ。

定木が自分たちのことを「僕らは虫屋の中でも独立した価値観の中にいる」と話す理由の一つはそこにある。

従来の標本商は価値あるものほど積極的に売りに出す。それが仕事だからだ。しかし定木らは、自分のコレクションを売ることは自分の魂を売ることだと考えている。定木が言う。

「それが普通でしょう。だって、それを売っちゃったら……」

林も相槌を打つ。

「こんなことやってる意味ないですもん」

二人は、そもそも遠征費を稼ぐためにコレクションにはならない平凡な昆虫を売るようになったに過ぎない。つまり、標本商である前に、採集者であり、コレクターなのだ。

駆け出しの頃、二人も世話になった石垣島の花谷が話す。

「林君も、定木君も若い頃から毎年、採集旅行をしてたから。それを続けようとしたら、採ったものを売っていくしかない。そうして、気づいたらプロの標本商みたいになってたね。ただ、世間から見たら、どう考えてもまっとうな生き方ではないんだろうけど」

自慢の個体は売らないというスタンスは、二人に限ったことではなく、マルバネに手を染めた採集者の多くに共通する点だ。したがって、例外はあるものの、ギネスクラスの個体が市場に出回ることなど滅多にない。そのほとんどは採集者が今も所有している。

都内のある標本市で、六三・二ミリのアマミマルバネが四〇万で販売されているのを見かけたことがある。六三・二ミリとなると、生涯をかけても、ほとんどの人が採れないくらいの個体だろう。その標本商は四〇万という価格についてこう言った。

「売る気がないんで」

もちろん、値を付け出品している以上、四〇万円払うという客が来たら売るのだろうが、その個体はあくまで客寄せで、価格としてはかなり高めに設定されていた。

藤田は『日本のマルバネクワガタ』の中でクワガタの売買によって島民の心証を害したことは認めつつも、〈ただし、昆虫の市場は一般の人が考えているような大きなものではまったくない！〉と訴えている。

たとえば、コレクションの世界でも、骨とう品や絵画なら財産になる。しかし、標本など、ほとんどの人にとって虫の死骸に過ぎない。昆虫コレクターだった人物が亡くなり、遺族が処分に困るという話を頻繁に聞く。売ろうにもその価値がまったくわからないし、博物館などに寄贈しようとしてもよっぽど貴重なものでもなければ保管場所がないと大抵は断られる。

そもそも標本の管理はとても大変なのだ。除湿器を設置し、防虫剤を切らさないようにし、室内の温度も調整しなければならない。さもなければ、あっという間にカビが生え、ダニなどに食べられてしまう。好きでもない人が、そんな面倒なことを継続できるはずがない。ほとんどの場合、持ち主を失った途端に標本はゴミになる。標本ビジネスの世界など所詮、その程度のものだ。

藤田は『日本のマルバネクワガタ』の中で最後、怒り過ぎて疲れ果てたかのようにこうつぶやく。

〈騒いでいる大事な「自然」の実態を、手弁当で解明してきたのは昆虫の分野では１２０年にわたる全国のアマチュア虫屋達の力なんだけどなぁ……。

虫屋が一部でやり過ぎた以上に、最近の規制はやり過ぎていて、まるで「正義の味方？」が悪人を退治しようとしているような不気味さを感じる。

虫屋とは、それほどの悪人なのだろうか？〉

マルバネクワガタが生息する貴重な自然。その貴重さを何十年もかけて証明してきた功労者が、一転、ならず者扱いされるというパラドックス。もちろん、功労者だからといって、何をしてもいいわけではない。だが、今、クワバカたちが置かれている状況は、あまりにも気の毒である。

大人になっても子どもでいられた

定木は今も細々と昆虫商の仕事を続けている。ただし、熱狂の時代は過ぎ去った。

——もう「採る」は、やり切った感じですか。

「やり切ってはいないですけどね。やり切れるものじゃないです」

——世の中が許さなくなった。

「そういうことです」

定木ほどの実力者ならば、たとえば、海外で違うターゲットを見つけ、今度はその種を突き詰めればいいのではないかと思うが、マルバネに代わる存在はそう簡単にはないのだという。

「海外のクワガタは、日本のよりもカッコよくて、でかいのが多い。そのぶん、奥も深いと思うんです。ただ、フィールドが大き過ぎる。今からでは、とても手に負えない。危険も日本の比じゃないでしょうし」

確かに採集をメインとするコレクターにとっては、海外は広大過ぎる。その点、マルバネは生息域のスケール感がちょうどよかった。その上、まだ謎が残されていて、生涯をかければそれらのすべてを解明できるかもしれなかった。

「まだ、わからないままのこと、たくさんありましたけどね。アマミマルバネがなぜ大歯型が出にくいのか、とか」

今は「自然保護ブーム」だ。この潮流は今後も変わりそうにない。おそらく昆虫採集すらも困難な時代になってくる。

ノーベル賞と昆虫好きは不思議なほど縁がある。福井謙一（一九八一年、ノーベル化学賞）、白川英樹（二〇〇〇年、ノーベル化学賞）、赤崎勇《いさむ》（二〇一四年、ノーベル物理学賞）、大隅《おおすみ》良典（二〇一六年、ノーベル生理学・医学賞）らは小さい頃、昆虫採集に夢中になった。昆虫は彼らにとって世界の入口であり、好奇心の原点でもあった。

虫ほど多種多様な生物は他にいない。世界は不思議に満ちていること、それを理屈ではなく、最初に実感としてもたらしてくれるのが昆虫なのだ。

虫に携わる人間たちが生きにくい時代を迎え、藤田はこう嘆息する。

「今の日本は何十年も前からの蓄積でノーベル賞受賞者を輩出しているけど、これからはそうはいかないでしょう。二〇年後、三〇年後は。そのための投資をしてないですから。こんなもの（昆虫）に興味を持つ人は、もういなくなるでしょうね。定木君たちの世代が最後だったんじゃないかな」

今、教育の現場では、昆虫は採るものではなく観るものだという考えが主流だ。標本づくりも残酷だという理由で敬遠される。どこか歪《いびつ》だ。温厚な花谷でさえ、こう憤る。

「観察なんてして、何がわかるの？　虫ってのは、自分で採って、触って、標本にしてみて、初めてわかることがいっぱいあるんだから」

与那国島で今、自然保護に尽力する村松も、かつては採集する側だった。その経験が今、生きているのだと力説する。

「基礎は虫屋としてのものがあるからね。さんざん採集してきたことによって培《つちか》われた面がある。いろいろな昆虫を（カメラで）撮っているんだけど、それができるのも採集の経験があるからなんですよね。植物も撮りますけど、植物がわかるのも昆虫を通じてですもんね。虫がどこまでやったら死んでしまうかも実感としてわかっている。それも捕まえないとわからないんですよね。本当は、あるとき、自分で気づけばいいんですけどね。ああ、かわいそうなことをしてしまったなとか。それを自分で覚える前に触るな、殺すなでは、実感を持って何かを感じることはできないんじゃないかな」

もちろん、観察を通し学べることもたくさんあるだろう。ただ、定木や林を見ていてつくづく感じたのだが、採集を目的にする人と、観察を目的にする人では、対象にのめり込んでいく深度がまったく違うように思う。彼らの森の奥深くへと入って行く迫力と、その嗅覚はすさまじいものがある。彼らを追いやるのではなく、生かす道はないのだろうか。

クワガタ屋の知見は、自然保護にも、きっと役立つはずだ。

初めて西表島へ行ったとき、高校三年生がたった一人で採集に来ていた。規制対象になる前に憧れのマルバネ採集を一度でいいから体験したかったのだという。三日間、明け方近くまでジャングルの中を歩き回り、最終日、小さいけれどもオスを一頭見つけたのだと目を輝かせていた。彼のような採集者まで排除する規制は行き過ぎではないか。

絶滅危惧種に指定されているタガメは二〇二〇年一月、「特定第二種国内希少野生動植物種」に指定された。以降、販売目的の採集や売買は禁止されたが、趣味の範囲での採集は容認されている。つまり、子どもが田んぼでタガメを捕まえることは自由だ。タガメ愛好家にとっても生きる道は残されている。

一方、西表島で会った高校三年生は、マルバネの魅力を知っても、その世界に耽溺《たんでき》する場がもはやない。そこが彼にとって世界を知る入口になったかもしれないのに。

藤田は『日本のマルバネクワガタ』を出版したときは威勢がよかったが、今は、すっかりあきらめ切っているように映った。

「私もあれを書いたときよりは老人になった。そこまで熱い気持ちにはなれない。もう、（規制解除は）大きな流れにはならないでしょうし」

そうかもしれない。いや、事実、そうなのだろう。

そういう意味では、定木は、ぎりぎり間に合ったのだとも言える。

『ＫＵＧＡＭＵｓ』を発行していた吉田賢治は一九九六年、『マルバネクワガタの世界　ロマン採集紀行』という全五巻セットのＶＨＳビデオを制作している。奄美大島、請島、沖縄本島、石垣島、西表島、与那国島と渡り歩き、採集の様子や島の風景を記録したものだ。

定価は一万七〇〇〇円だ。高い、と禁断のフレーズが喉まで出かかる。

五本のビデオを収めた箱には、こう書かれている。

〈クワガタ採集を突き詰めると　最後にマルバネクワガタにたどり着く〉

そのドキュメンタリーには定木も出演していた。現在は二枚のＤＶＤに焼き直され、三九八〇円で販売されている。一二〇分ずつ、計二四〇分の大作である。

その中には、若き日の幸福そうな定木が映っていた。何人かの採集者が出てくるのだが、結局、成果を上げるのは定木だった。定木は首尾一貫、控えめだった。それでもダイシを手にすると、抑えていても、喜びが目元や口元からこぼれた。

定木が懐かしむ。

「まあ、おもしろかったとは思いますよ。あんな高揚感、もうないですから」

汚い宿で、汚い恰好で、成果を肴《さかな》に、仲間とオリオンビールや泡盛を傾ける。そんな様子も記録されていた。いい大人がみな子どものようにはしゃいでいた。ハブを捕まえて、それを持って仲間を追いかけまわし、スズメバチに刺され泣きそうになり。

彼らは大人になっても子どものままでいられた。

寝食を忘れ、時間を忘れ、世間を忘れ、ときに最愛の人まで忘れ——。彼らは少なくとも、人生の黄金期に、何を失っても構わないと思える二十数年間を持てた。

その映像を観ていたら、彼らへの同情は、小さな嫉妬に変わっていた。

第2章

戦うために生まれてきた

世界の二強

「見た？　ヤフオクの一〇六ミリのテイオウ」

「あれは立派！」

「今、一二万。高くね？」

「たけー」

「そら、誰も買わんわ」

　居酒屋のお座敷で顔を合わせるなり、ヤフオクに出品されているらしいクワガタ談義がさっそく始まった。まったくついていけずおろおろしている私に助け舟を出してくれたのは、仲間から「チャンピオン」と呼ばれていた木村賢柱《けんちゅう》だ。

「フィリピンのカタンドゥアネス島だったかな、そこのヒラタ（クワガタ）のことをテイオウヒラタって呼ぶんですよ。パラワン（ヒラタ）の次に大きくなるって言われている種です。その一〇六ミリがオークションに出てたよね、と。それを買う？　買わない？　っていう話をしていたんです。ただ、スタートの値段が一二万で、まだ、誰も入札してないみたいですね。ちょっと高いかな」

パラワンとは、フィリピンのパラワン島に生息するヒラタクワガタのことだ。むし社が発行する『BE-KUWA』の二〇一九年秋号（以降も飼育レコード、野外レコードともに同誌のデータを参考にする）によれば、パラワンの飼育レコードは一一三・七ミリ。世界一狂暴と言われるクワガタ界の安定王者だ。ちなみに、テイオウの飼育レコードは一〇九・〇ミリだ。いずれも世界のクワガタのほぼ最大級サイズだ。

全長だけで言えば、両種より長いクワガタはいるにはいる。ただ、横幅や厚みも含めた全体的なスケール感でいえば、パラワンとテイオウはクワガタ界の双璧である。

すべての国産クワガタの中の採集品レコードはツシマヒラタの八四ミリ、飼育品レコードはオオクワの九一・七ミリだ。国産クワガタに見慣れてしまうと、パラワンもテイオウも思わず笑ってしまうような大きさである。クワガタの概念が一瞬で崩壊する。

二〇一七年九月一七日、都内某所のチェーン店系居酒屋に集結し、飲み物の注文もしないままに、いきなりクワガタ談義を始めたのは十数名の「クワガタバトラー」たちである。バトラー、つまり、戦う人だ。

クワガタ愛好家の世界には「クワガタバトル」あるいは「クワガタ相撲」と呼ばれるジャ

投げ飛ばす！（撮影／下城英悟）

ンルにハマってしまった人たちがいる。要は「闘犬」ならぬ「闘クワ」である。昔から世界中にはコオロギやクモなど虫同士を戦わせる文化があるが、そのクワガタ版である。

なぜ、この日、バトラーたちが集まっていたかというと、翌日、年一回の「ドルクスチャンプ杯」が大森スーパーアリーナ（会場は小学校を改修した区民施設だが、バトラーたちはこう呼ぶ）で開催されることになっていたからだ。この日は、いわば参加者有志による前夜祭のようなものだった。

クワガタバトルのルールはシンプルだ。土俵中央でクワガタを向かい合わせ、相手を押し出すか、投げ飛ばせば勝ちである。

その席で、木村がパラワン同士の対戦の様子を動画で見せてくれたのだが、彼らは闘争心の塊だった。「はっけよい、のこった！」の掛け声と同時に中央の仕切りが持ち上がると、互いにゴムで弾かれたかのような勢いで突っ込み、あごで挟みあう。

その音がすごいのだ。とう製のイスに体重百キロ超の人が座って、貧乏ゆすりをしているかのような軋《きし》み音が延々と続く。そうして押し合いつつも、互いに投げるチャンスをうかがっていた。

大会によって階級の区切り方はさまざまだが、いちばん上のクラスの出場選手は、ほぼパラワンかテイオウだという。つまり、この二種が、世界のクワガタ界の二強なのだ。

総額一〇〇万円の大会も

クワガタバトルの最盛期は二〇〇〇年代、子どもたちの間で、カードデジタルゲーム「甲虫王者ムシキング」が大ブームを巻き起こした頃だった。世界中のクワガタやカブトの強さを点数化したカードをゲーム機に挿入し、敵と戦わせるのだ。クワガタバトルは、そのリアル版であり、どちらかというと大人の遊びだった。

当時は全国各地で大会が開催され、賞金総額一〇〇万円などという豪勢な大会もあったという。また、スポーツカーで会場に乗り込むオーナーがいるなど、金持ちの道楽という面もあった。

昔はチームのことを筆頭格の人の名前を冠し「○○部屋」と呼んだ。草創期、関東で圧倒的な強さを誇った後藤部屋のナンバー2だったという斎藤徹也が往時を懐かしむ。

「全国あちこちに、いろんな部屋があった。大会では、部屋ごと、そろいのTシャツを着てね。部屋の名前が入ったのぼりも掲げて。今とは大会の規模がぜんぜん違った。全国大会に出るのにも予選があったしね。一回、愛媛で、リーガロイヤルホテルの百畳ぐらいありそうな会場でやったこともあったな。それでも参加者が多過ぎて、終わったの、深夜の一時半とかだよ。あれにはまいったな」

部屋制度が発達したのは、部屋ごと、いいクワガタを入手する独自ルートを持っていたからでもある。逆に言えば、部屋に入らないと、強いクワガタはなかなか手に入らなかった。

今も昔も無所属を貫く岡山在住の安藤博一がぼやく。

「関東の人たちは、パラワン使い過ぎやわ。大きいやつ、まとめて持ってっちゃうから。部屋同士で取り合いだったもんね。おれは昔からスマトラ（ヒラタ）でいっとった。でも、パラワン見ると、やる気なくなる。パラワン持ってるやつに『スマトラはやる前から逃げるで』って言われて、どんだけ悔しかったか」

木村が横で再び解説してくれる。ちなみに木村は前大会の優勝者だ。ゆえに、からかい半分、みんなから「チャンピオン」と呼ばれていた。

「スマトラはパラワンほど大きくならないんですよ。一〇〇ダウンがいいところ。スマトラで強いのは、九六、九七（ミリ）くらいまでですかね。スマトラは横に広くて、足が短い。押し出す力が弱い上に、深く組み合っちゃうと、どうしてもあごが長いパラワンとかテイオウの方が有利になってしまうんです」

後藤部屋に入ると上位者から優先的にパラワンを購入することができた。斎藤は後藤部屋の二番手だったため、その点、かなり有利だった。

「一〇九（ミリ）のワイルド（野外品）を二五万で買ったりしてた。それでもだいぶ安くしてくれてるんです。もっとすごい人は、二〇万、三〇万するのを十頭くらい買って、それらを競わせて、強かったやつ出すなんて人もいましたね」

びっくりするような投資額だが、大会で優勝すると、その個体の血を引く子孫はチャンピオン血統として非常に高く売れた。

野外品のことを「ワイルド」と呼び、飼い主のことを「バトラー」と呼ぶのは、クワガタバトル界独特の文化だ。

採集者、コレクター、ブリーダーの文化は、少なからず、どこかで重なり合っていたが、クワガタバトルの世界だけは完全に独立している印象がある。たとえば、バトラーであり、コレクターでもあるという人は、まずいないのではないか。

パラワンの野外品レコードは今、一一一・三ミリである。斎藤が二五万で購入したという一〇九ミリの採集個体ですら、何年かに一度、市場に流通するかしないかだろう。今なら安くても五〇万はするはずだ。そんな稀少個体を戦わせ、みすみす傷を負わせるコレクターなどいないからだ。

ただし、何十万もするクワガタを何頭も買っていたというバブリーな時代はとうに過ぎた。全盛期に比べたら、現在、クワガタバトルの世界は風前《ふうぜん》の灯火《ともしび》と言ってもいいかもしれない。ムシキングブームは去り、また自然保護、動物愛護の潮流がクワガタバトル界にも流れ込んできている。

それでも、今も少数ながら、クワガタバトルの世界にロマンを追い求める人たちは存在する。木村は、クワガタバトルの魅力をこう語る。

「僕の最終目標は、自分がブリードした個体で、無差別級を制することなんです。いつか馬主になってみたいなという夢もあるんですけど、馬主って、オーナーになるだけじゃないですか。でも、クワガタバトルは生産者にもなれるし、ジョッキーにもなれるし、オーナーにもなれるんですよ」

国産で世界に挑む

今、クワガタバトルの世界で事実上の世界一を決める大会だと言われているのが年一回、秋に東京で開催される「ドルクスチャンプ杯」だ。

同大会は無差別級、一〇〇ミリ以下級、九〇ミリ以下級、八〇ミリ以下級の全四階級に分かれていた。

斎藤のように「無差別級以外、興味ない」と話すバトラーもいるように、大会の華はなんといっても最重量クラスだ。どんな格闘技もそうだが、重いクラスは一撃の迫力が桁違いだ。

最重量クラスはパラワンとテイオウの天下だと書いたが、通常、クワガタバトルはどの階級も外国産クワガタの独壇場である。そこに国産クワガタが食い込む余地はない。

ドルクスチャンプ杯も、もっとも小さなクラスでさえ八〇ミリ以下だ。国産クワガタは大型種であっても、ほとんどの種類がその八〇ミリにさえ到達しない。つまり、このジャンル自体が国産クワガタの出場を前提とはしていないのだ。

私はそこに目を付けた。

〈クワガタ版メジャー挑戦企画　国内最強クワガタで『世界』を獲る！〉

『週刊プレイボーイ』で企画が通ったときの仮タイトルだ。

私は幻のクワガタ、マルバネクワガタの存在を知ってからというもの、何度もマルバネ採集の企画を週プレ等に提案した。

たとえば、二〇一六年にノーベル生理学・医学賞を受賞した大隅良典が幼少期、昆虫採集に熱中していたことと、ちょうど「ポケモンGO」が流行っていたことをひっかけ、〈ポケモンがなんぼのもんじゃい！　男なら昆虫採集でノーベル賞を目指せ！〉とか。この「男なら」というのは男の雑誌・週プレ企画の伝統的な枕詞《まくらことば》だ。

だが、なかなか企画が通らなかった。あるときは刺激的なタイトルの方がいいだろうと思い〈世界一危険な昆虫採集〉と煽《あお》ると、「何かあったらどうするんですか？　そんな危険な取材は、編集部としては容認できません」と冷たく突き放された。自爆である。

ああ、昆虫採集がしたい！　何かいい方法はないか。

あるとき、仕事が一緒になったカメラマンとそんな話をしていると、彼の知り合いのクワガタマニアの話に発展した。

「今度、その人は対馬にクワガタを採りに行くって言ってましたよ。ツシマヒラタって、知ってます？　ツシマヒラタはものすごく狂暴で、国内最強だと言っていました」

対馬とは九州と韓国の間に浮かぶ国境の島である。そこに生息するツシマヒラタは日本最長のクワガタで、前述したように野外レコードは国内種では断トツの八四ミリだ。

国内最強――。

この言葉にヤラれた。男はいつでも「最強」という言葉に弱い。無条件に憧れてしまうのだ。

そして、ネットで「国内最強」「ツシマヒラタ」と文字を打ち込み検索をかけると、世の中に「クワガタバトル」や「クワガタ相撲」と呼ばれる世界が存在することがわかった。

瞬間、これならいけると思った。外国産クワガタばかりの戦場に小兵《こひょう》な国産クワガタで挑む。まるで、日本人プレーヤーがメジャーリーグに挑戦するかのように。

男の雑誌・週プレには、昔から「バカバカしいことを、アホみたいに真剣に取り組む」ことこそカッコいいという文化がある。明らかにカッコいい男よりも、断然、カッコ悪いけどグッとくる男の味方なのだ。

四十半ばのオッサンライターが対馬の山奥で汗だくになりながらツシマヒラタを採集し、その足で、九州のどこかで開催されているクワガタバトルに勝てるはずもないのに勝つ気満々で乗り込む。どこからどう見ても、どうでもいい企画である。社会的意義はゼロ。そのバカバカしさがいいのだ。

旧知の編集者に興奮気味に企画の概要を説明すると、私のしつこさにあきれたように、じゃあ、やってみますかとようやく企画にゴーサインが出た。週プレは、やはりバカに優しい雑誌なのだ。

企画さえ通ればトントン拍子で進むかに思えたが、企画の実現は難航した。ド素人の私が一人で山深い対馬に行って、八〇センチクラスのツシマヒラタを捕まえられるとは到底思えない。なので、採集の手伝いをしてくれる人を探したのだが、なかなか適任者が見つからなかったのだ。

そこで代案を考えた。「ヒラタクワガタ」と名が付くクワガタは、実は国内だけでも軽く十種を超える。そのうち、ほとんどが離島に生息している。

その中に、ツシマヒラタに匹敵する「国内最強」候補が存在した。石垣島や西表島などに生息するサキシマヒラタである。サキシマヒラタの野外品レコードは七九・一ミリ。八〇には到達していないが、十分大きい。

サキシマヒラタに路線を変更すれば、石垣島には、私をこの道に引き込んだ西野がいる。そして、石垣島は、マルバネの生息地でもある。

私は「サキシマヒラタの方が強いし、採れやすいみたいなので」と適当なことを言い、採集地を強引に石垣島に変更した。

石垣島でのクワガタ採集の様子をネットで調べると、群がるクワガタで真っ黒になったトラップ用パインの画像があった。まさに小学生時代、何度も夢に見た光景である。

九月一八日に開催されるドルクスチャンプ杯から逆算し、九月上旬に石垣島を訪ねることにした。西野によれば、サキシマヒラタのピークは梅雨明けと、涼しくなり始める一〇月だが、九月でも採れないことはないだろうとのことだった。

真っ黒なパイン……。いよいよ私の夢の昆虫採集が始まろうとしていた。

ところが、採集前夜、かかりぎみの私に西野は言った。

「僕が野外で採ったのでいちばん大きなのは七四ぐらいかな。七三ぐらいから急に採れなくなる。野外の最高記録は七九・一ミリですけど、そんなのおったらバケモンですよ」

私の考えが甘かった。はるばる石垣島までくれば、八〇センチに迫る個体など、何頭でも手に入るのだと勘違いしていた。

となれば、最低でも七〇ミリオーバーを採集したいところだが、まだどこか浮ついていたのだろう、こう釘を刺された。

「採れないときは採れませんから。そこは覚悟しといてください」
翌朝、西野があらかじめ山中の木の根元に仕掛けておいてくれたパイナップルトラップを見に行く。パイナップルは発酵させてあるため、トラップに近づくと、パイナップルアイスを鼻先に突きつけられているかのように臭う。

ところが初日は、五カ所にトラップを仕掛けておいたにもかかわらず、なんと一頭もいなかった。西野の危惧は、現実のものとなった。

こんなに自然豊かな土地で、こんなにトロリとした腐敗臭をたっぷり漂わせても、一頭も寄ってこないとは……。

石垣島は連日三四度超えと、九月にしては暑い日が続いていた。やはり、暑過ぎると人間同様、クワガタも行動が鈍るようだ。

三〇個近いパイナップルをすべて回収し、あらためて、違う場所に設置した。足でパイナップルを念入りにつぶし、発酵臭の発生を促す。

翌朝、一つ目のトラップのパイナップルをめくり上げると……。いきなり、大きなヒラタクワガタが目に飛び込んできた。

いたっ！

あごを持ち上げ、こちらを威嚇してくる。

他のパイナップルを動かすと、そこかしこにクワガタが張り付いている。採れるときは採れるのだ。

真っ黒とまではいかないものの、まさに夢にまで見た光景がそこにはあった。

二日目は結局、オス八頭、メス二頭の計一〇頭を捕獲。もっとも大きいものは、いちばん最初に見つけた個体で七三・三ミリあった。

パイナップル上で威嚇するヒラタクワガタ

これなら十分、戦えそうだ。リングネームは、ヒラタクワガタに敬意を表し、「平田君」に決定した。

ただ、所属選手が一頭では心もとない。試合当日の朝、ケースをのぞくと生命を全うしていた……なんてことになったら、せっかくの企画が台無しだ。

そこで、西野に沖縄本島のクワガタショップを紹介してもらった。そこへ電話をし、事情を説明すると、今、店で七五ミリの飼育品のサキシマヒラタがあるという。サイズ的には申し分ない。

帰路、沖縄本島に立ち寄り、その個体を購入した。九八〇〇円とやや高めだったが、本番を間近に控えていたため、もはや選択の余地はなかった。

この個体は「ジョー」と名付けた。原稿を書く際、〈そのとき、おれは叫んでいた。「立て……！　立つんだジョーッ」〉とか入れたらウケるかなという安直な理由だった。

昆虫ゼリーに紹興酒

さて、選手はそろった。となれば、次はトレーニングだ。「ドルクスチャンプ杯」を主催する堀《ほり》井《い》浩《ひろ》達《たつ》が、こう助言してくれた。

「クワガタバトルの世界におけるもっとも有効なトレーニングは、一にも二にも自信をつけさせること。ちょっと格下の相手とスパーリングをさせて、勝ち癖をつけるんです。弱過ぎても効果はないし、強過ぎてもダメ。下手に強い相手とスパーリングをさせて、一度でも背を向けると、『逃げ虫』といって、逃げ癖がついてしまう。そういうもんなんです。なので、そのさじ加減が本当に難しいんです」

野生の世界では「逃げ虫」になったクワガタは、餌にありつくことができず、餓死する運命にある。

クワガタバトルの世界では「ワイルド」が珍重される。その理由を斎藤はこう語る。

「ワイルドは、自分の力で羽化し、土から這い出てくる。そして、餌を食べるのも自力です。なので、体もできてるし、簡単なことでは逃げないんです。でも、ブリードは、たいていタイミングを見計らって、人が掘り起こしちゃうし、苦労なく餌にもありつける。なので勝負根性という面ではワイルドにかなわないんじゃないかな」

ただ、斎藤は昔はワイルド派だったが、今はブリード派に転向した。ブリードのメリットもいくつかある。まずワイルドに比べたらはるかに安い。次に、昔に比べると養殖技術も進み、ワイルドでは絶対手に入らないような大型個体を入手することができる。また、ワイルドは生き抜く中で爪や内歯が摩耗している場合もあるが、飼育ケースの中で大事に育てられた養殖品にはその心配がなかった。

斎藤はブリードの個体を選ぶとき、必ず二つのことをチェックするという。

「ショップで、実際に、クワガタの足を指にからませて、つかまる強さ、爪の鋭さを試す。それから、あごにも指をからませて、挟む力がいちばん強いのを見極める。十頭ぐらいチェックする場合もあるから、買うときは指の皮膚がぼろぼろになるんだよ」

大型ヒラタの爪は、皮膚に食い込むと、悲鳴が出るくらいに痛い。また、挟む力は、ときに敵の胴体を切断してしまうくらいに強力だ。指に内歯が突き刺されば簡単に出血するので、素人は絶対に真似しない方がいい。

それから、きれい好きな人には、ブリードはダニが寄生していないという長所もある。野生のクワガタは体をよく見ると小さなダニがうじゃうじゃ住み着いているものだ。ただし、斎藤によれば「ワイルドと一度でも対戦したら終わり」だという。

「がっちり組むと、ワイルドのダニがあごをつたってこっちに移動してくるのが見えるんですよ。あ～あ、勘弁してよ～、って。一度、ダニが寄生すると羽の中とかに入っちゃうんでもうダメですね」

斎藤は「自分の仕事は選ぶところまで」と言い切る。まったくといっていいほど、スパーリング等は行わないのだという。

「強いクワガタは、何をしても勝てる。なので、スパーリングとかも一切、させない。消耗させるだけだから。ぶっつけ本番。それで何度かチャンピオンになってるんで」

木村も同意見だった。

「クワガタは羽化したあと、大きくなることはない。だから、その時点で、ポテンシャルは決まっている。あとは、それをいかに引き出すかだけなんです」

その昔、あるバトラーはクワガタに重りを付けて、カーテンを登らせていたそうだが、その効果についても木村は一笑に付した。

「昆虫、筋肉ないので」

納得。

さまざまな情報を入手し、ひとまず毎日行ったのは、動きを活発化させるために、調教スティックを使い、両選手の足やあごを刺激することだった。調教スティックとは、棒の先に死んだクワガタのあごを取り付けたもの。これで体のさまざまな場所を突っつくと、興奮し、突進したり、あごを大きく開いたりするのだ。

大会前日、一度だけ、小さなクワガタと簡単なスパーリングを行った。万が一、負けて「逃げ虫」になってしまったら嫌だと思い、実戦練習は控えていたのだが、ここは賭けである。うまくいけば、闘争本能が目覚めるかもしれない。

逃げたら……の心配は杞憂に終わった。平田君は挟み込んで豪快に放り投げ、ジョーはパイルドライバーで完勝。パイルドライバーとはプロレス技の名前で、相手を逆さまに抱き込み、頭から地面に叩きつける技だ。

もちろん、クワガタたちはケンカの仕方を誰かから教わるわけではない。本能的に対応しているに過ぎない。遺伝子に技が刻み込まれているのだ。こいつらは、戦うために生まれてきたのだと思った。

その晩は、昆虫ゼリーに紹興酒をたらしてやり、さらに軽く霧吹きで紹興酒を体にかけてやった。中にはユンケルで同じことをやる人もいるそうだが、ややもったいないので、その次に効果があると言われる紹興酒でやってみた。

倍近い敵に挑むジョー

そうして、ついに決戦日を迎えた。「大森スーパーアリーナ」には約二〇名のオーナーと、やはり約二〇名の関係者と思《おぼ》しき観衆が集まった。

今大会の賞金総額は、商品券一八万九千円ぶんだった。メインの無差別級王者には、そのうち一〇万円の商品券が与えられる。出場クワガタは、下の階級からそれぞれ一六頭、二〇頭、三一頭、二八頭。オーナーによっては、各階級に複数頭ずつ出場させていた。

参考までに、一〇〇ミリを超える養殖品のパラワンの市場価格は約二万円だ。そこから一ミリ大きくなるごとに約一万円高くなるので、中には、十万円近くする超大型個体で参加しているバトラーもいた。無差別級はほとんどパラワンなので出場する二八頭の総額は、ざっと百万円くらいだと予想された。

オーナーは全員、男だ。下は小学生、上は六〇代までいた。顔がマジなのは断然、三〇代後半より上の男たちである。自分たちが戦うかのような表情をしていた。

木村は、「試合間際、もっとも大事なのは体を温めてやること」だと教えてくれた。

「今日の気温は二六度くらいだと思うので、試合の一時間半前くらいから、プラスチックケースがプラス二度くらいになるようにしてあげてください。そうするだけで、動きがぜんぜん違うので」

あたりを見回すと、ほとんどのバトラーが大きなクーラーボックスを持ってきていて、その中に爬虫類を飼育するときなどに使うヒーターマットを敷いていた。私は代用品として、木村のアドバイス通り、カイロを持ってきていた。そして、それをプラスチックケースにそれぞれ二枚ずつ貼り付けた。木村はこうも言っていた。

「温め過ぎないように注意してくださいね。暴れだして、体力を消耗しちゃうので。裏返ってたりしたら、もう最悪ですよ」

各バトラーとも、試合が間近に迫ると、段ボール製の「猫用爪とぎ」などの上に出場クワガタを乗せ、調教スティックを盛んに動かしつつ、スパーリング用クワガタと「かませ合い」をする。かませ犬用のクワガタを、出場するクワガタのあごの間にねじ込み、闘争本能を刺激するのだ。すると互いに触覚をビンビンさせ、ギシギシと音を立てて挟み合う。この狂暴さが外国産の特徴なのだ。

そこへ行くと、平田君とジョーは、実に大人しかった。いくら温めても、スティックで突いても、ほとんど動かない。心配でならない。まさに飼い猫をトラの檻《おり》に放すような心境になってくる。そんな私を木村は、こう言って慰めてくれた。

「強くて、賢いクワガタほど、試合前は落ち着いてるものなんです。無駄なエネルギーを使わないように」

横にいた「ケイバ命」の編集者は、激しく首を上下させていた。

「競馬も同じじっス」

なるほど。そう言われると、平田君も、ジョーも、じつに聡明な顔をしているような気がしてきた。

一〇時三〇分、いよいよ決戦の火ぶたは切って落とされた。試合は八〇ミリ級からだった。

先陣を切ったのは、ゼッケン「1」のジョーだ。背中には「1」と書かれた黄色いビニールテープが貼り付けられている。

初戦、いきなり堀井のダイオウヒラタクワガタにぶつかる。この階級の出場選手は九割方、ジャワ島出身のダイオウである。

ダイオウのあごは太く短く、体の幅は昔のアメ車のようにはばったい。八〇ミリクラスになると、体重は一三グラム前後にもなる。一方、平田君は八・三グラムしかない。人間でいえば八三キロの人間が一三〇キロの巨漢に挑むようなものだ。

堀井は、国内有数のダイオウブリーダーでもあり、しかも、この階級に四頭出場させてるダイオウのうち、大本命の一頭だという。

試合は、二本先取制だ。試合時間は五分。それにしても、ダイオウはでかい。安藤の「ダイオウとやったら秒殺されますよ」の言葉が過《よ》ぎる。

両クワガタは相撲の土俵を模した木製板の上で、仕切りを隔てて向かい合う。「はっけよい、のこった！」の掛け声と同時に仕切り板が上がった。

開始早々、ダイオウがあごを上下させ、ジョーを土俵際まで一気に追い詰めた。だが、ジョーも負けていない。後ろ足が徳俵にかかるや否や、左あごを下から差し込み、押し返す。

さらには二度、三度と相手の体の下に自分の体を滑り込ませ、一時は、中央付近まで戻した。自分の倍もあろうかという敵に立ち向かっていくジョーの姿に心が震える。ところが、反撃をくらい敵の戦闘スイッチが入ったのか、外からあごを深く入れ返され、ジョーのあごは完全にロックされてしまった。

万力で締められるかのようにギリギリと挟まれること十数秒。ジョーは突然、組むことを放棄し、自ら土俵を割ってしまった。

まだ二本目が残っていたが、すっかり戦意喪失してしまったジョーは試合開始と同時に敵に背を向け、一目散に逃走してしまった。

自然界の掟を垣間見た気がした。弱者と呼ぶなかれ。これは弱肉強食の世界を生き抜くための知恵でもあるのだ。

クワガタが美しい理由

週プレチームの命運は、石垣島でスカウトしたワイルドの平田君に託された。相手は、東南アジアに生息するセアカフタマタクワガタだった。八〇ミリ以下級の中では、うちの二選手と、このセアカだけが、ダイオウ以外の種類だった。

セアカフタマタは先が二つに分かれたあごと、背中にある一対の大きな薄茶色の斑点模様が特徴だった。

やはり平田君より大きかったが、ダイオウのような「極太感」はなく、これなら勝てそうだと思っていると、岡山から参加していた安藤が言った。

「何言ってんの！　あいつがいちばん獰猛《どうもう》なんだよ！　ペアリングさせるときはあごをヒモで縛っとかないと、メスを殺しちゃうんだから」

私がどのような思いで国産クワガタで挑んでいるかも知らず、安藤は、ことごとく私の希望の芽を摘《つ》もうとする。

土俵で向かい合うと、セアカは激しくあごを上下させ、すでにいきり立っていた。一方、平田君は、ジョー同様、やはり落ち着き払っている。

仕切りが取り除かれ、先手を取ったのは、セアカだった。可動域の広いあごで、いきなり平田君のあごを外からぐわっと挟み込む。相撲で言えば、両手で回しをしっかり握られた状態である。そのまま土俵中央で、にらみ合いが続いた。

平田君、あやうし。そのまま土俵中央で押したり引いたりを繰り返す。そして、膠着《こうちゃく》状態に入ったかに見えた瞬間だった。平田君は、あごをくわっと開き、セアカのあごを振りほどくと、すかさず上体をひねり上下から挟み込んだ。すると、その迫力に気圧《けお》されたのか、セアカは背を向け、土俵の外にとん走してしまった。

あえて先手を譲り、相手の力量をはかりつつ、タイミングを見て一気にケリをつける。完全な横綱相撲である。さすがワイルドである。温室育ちとは違って、実にしたたかで、勝負根性もある。

二本目は、セアカも戦意喪失してしまい、試合開始早々、背を向けてしまった。勝負あった。

場内は大歓声に包まれる。ついに歴史の重い扉が開いたのだ。「戦車に竹やりで突っ込むようなもの」（安藤）とまでバカにされた国産クワガタが、ドルクスチャンプ杯史上、初めて白星を挙げたのだ。

しかし、喜びも束の間、続く二回戦はまたも巨大なダイオウが立ちふさがった。重戦車のように突進してくる相手に、平田君も果敢に立ち向かった。相手の下にもぐりこみ、必死に押し返す。だが、それを繰り返すうちに、脇固めのように上から挟み込まれてしまう。

ギシギシと不穏な音が響く。このままでは平田君が致命傷を負いかねない。私がギブアップを宣言しようとしたとき、ダイオウがあごを跳ね上げた。すると、平田君は軽々と場外に放り投げられてしまった。

戦慄が走る。二本目はさすがの平田君も、もうファイティングポーズすらとらなかった。格が違い過ぎた。

外国産クワガタたちの強さは、私の想像をはるかに超えていた。特に無差別級のパラワンたちは、まるで死ぬまで戦い続ける戦闘マシーンのようだった。

他の種のクワガタたちは一度負けると大抵、戦意を失った。しかし、パラワンは負けると、それによって凶暴さが増したように、再び突進していくのだ。

バトラーたちは、そういうクワガタを「メンタルつえ〜」と讃《たた》えるのだが、パラワンの精神力はある意味、タガが外れていた。

闘牛や闘犬も見たことがある。だが、ここまでの激しさは感じなかった。格闘技の世界では、つまらない試合のことを「しょっぱい」「塩試合」などと表現する。しかしクワガタバトルの世界に塩試合は存在しなかった。

ある人がクワガタやカブトムシが三〇センチくらいになったら生物界最強ですよ、と話していたが、その意味がストンと落ちてきた。

クワガタのあごを眺めていて、その造形美に何度となくため息を吐《つ》いた。なんと猛々しく、なんと情熱的で、なんと美しいのだろう、と。クワガタバトルに参加し、今さらながら、その理由がわかった。武器だからだ。

第3章
血の力

オオクワブリーダーのアジト

秘密結社のアジトのような雰囲気である。

二階建ての建物の二階、八枚ある大きな窓ガラスはすべてオレンジ色の斜光シートで覆われていた。店内の様子はまったく見えない。

左の四枚には「ＮＡＲＡＳＨＩＮＯ　ＫＵＷＡＧＡＴＡ　ＣＬＵＢ」、右の四枚は「習」「ク」「ワ」と一枚につき一文字ずつ字が入り、四枚目のガラスにはやけにリアルなオオクワガタのイラストが描かれていた。

習志野クワガタを略して、習《なら》クワ。通常、略称は自ら発信するものではなく、まずは客サイドの権利であるはずだ。たとえば、関東なら、我々はマクドナルドを「マック」と通称で呼ぶが、店サイドは少なくとも公式的には自らマックとは名乗ることはない。

そんなところにも何やら得体の知れない圧力を感じた。

一階はクリーニング屋と洋服店が入っていた。右端に二階へ上る細い階段がある。その入口のガラス扉には〈見学のみ全然オッケーです！　お気軽に！　ふつうのお店ですよ～♪〉

習志野にそびえ立つ聖地「習クワ」

とかわいらしい丸文字で書かれているのだが、店構えとのあまりのギャップに、逆におののいてしまった。

気づいたときには、私の家の近所に当たり前のようにあった習クワ。しかし、そうした理由から、ずっと気になる存在だったにもかかわらず、長い間、その扉に手をかけることができずにいた。

そして、ある日、私は意を決し、ついにそのガラス扉を引いたのだった。

店内は棚と、その棚に並ぶ飼育ケースで溢れ返っている。レジ内には大柄な中年男性、店長の石井克巳《かつみ》がおり、その日は、三人の客の相手をしていた。

彼らが集まっているレジ付近は、異様な盛り上がりを見せていた。

「きたよ、これは。きたよ」

石井が興奮気味に語ると、客の一人がそれに呼応した。

「これ、つえーっ！」

石井がノギスを片手に手の中のオオクワガタのあちらこちらを計測している。

「H率、絶対、高いもん。C率もけっこう出そうだし」

H率とは全体の大きさの中の頭部の幅の割合で、C率とは全体の大きさの中の頭部と胸部、つまり上半身長の割合をそれぞれ指す。

「出た、スーパーC率、六割一分二厘！」

「これはくる！」

「四五二・二二〇（点）！　見事！　『四五二点……？』って思うかもしれないけど、（全長）七八ミリ台の四五二点って、めちゃくちゃ高いですからね」

二〇〇七年にオープンした習クワは、知る人ぞ知るオオクワブリーダーの聖地だった。原則、通販を行っていないため、全国からファンが集まる。

習クワを習クワたらしめているものが二〇一六年から始めた「元祖習クワレイティング」だ。「全長」「H率」「C率」を元にオオクワの「カッコよさ」を数値化する独自の計算方法である。それによって弾き出された総得点を「戦闘力」と呼ぶ。石井が説明する。

「最初は総合点って呼んでたの。そうしたら、あるお客さんが『ドラゴンボール』のファンでね。ドラゴンボールって、スカウターを通して見ると、敵の戦闘力が『五〇万』とか出るじゃない。それにならって、おれのクワガタの戦闘力はかってくださいって言うからさ。それ、おもしろいねと。そこから戦闘力って呼ぶようになったの」なので、戦わせるわけではないのに高得点がついた個体を「つえーっ！」と表現するのだ。

石井は「四五二点」を出したブリーダーにこうアドバイスを送った。

「これは親にした方がいいよ。レイティングのためにも。幼虫の育成次第で、（全長）八一ミリ、八二ミリも出てくるんじゃないかな。そうすれば、夢の四八〇点台が見えてくる。この比率のまんま八四ミリか、八五ミリまで乗せられたら、もう一つ上のステージ、五〇〇点台の世界に手が届くかもしれませんよ」

現在、約一五〇人のオオクワブリーダーたちが、このレイティング争いに参加しているという。店内には戦闘値ランキングが張り出されていて、その順位を一つでもあげようと、こうして毎日、ブリーダーがレイティングをしに習クワを訪れるのだ。オオクワは温度管理さえ工夫すれば一年中、羽化するため、これが習クワの日常風景だ。

習クワレイティングにおける過去最高点は五六五点である。五〇〇点を超える個体は「モンスター」と呼ばれ、年間、十頭程度しか現れない。

店内には五一四・四二六点というモンスターが見本として展示されていた。全長は八五・七ミリ。そのケースを開け、上からのぞき込む。思わず首を傾《かし》げてしまった。

わからない……。

石井が笑っていた。

「最初、みんなそうなんですよ。でも、四五〇点の個体と並べてみたら、わかると思いますよ」

――これ、もし売るとしたら、いくらくらいになるんですか。

「ペアで一五万くらいかな」

生体はブリード目的で購入する客が多いので、だいたいオスに見合うメスを付けてくれるのだ。単なる八五オーバーのペアなら、今は六、七万といったところが相場だ。したがって、一般的な八五ミリオーバーの個体の約倍の価格がついていることになる。

オオクワのカッコよさとは何か。石井が力説する。

「コカコーラのレギュラー瓶があるじゃないですか。あれが百年以上も愛されてきたのって、何気ないデザインだけど、そこに人類普遍の黄金比が

ドラゴン氏、めんT氏といったブリーダー名が並ぶランキングボード

隠されているからだと思うんです。カッコいいなって思うものって、数値化したとき、それがはっきり出ると思うんですよ。クワガタやザリガニなど体の前に武器がついてる生き物は、前の方にボリュームがついてる方が絶対、カッコいいんです。体は大きいのにハサミが小さいザリガニよりも、体は小さいけどハサミの大きなザリガニの方がカッコいいでしょう。クワガタも同じ。それを漠然とこっちの方がなんかカッコいいなではなく、はっきり数値化してみようという試みがレイティングなんです」

一〇〇〇万のオオクワは宣伝

ひと昔前まで、オオクワブリードの世界は全長至上主義だった。

アンダーグラウンドの世界がにわかに脚光を浴びたのは一九九九年だった。都内の専門店が八〇ミリの飼育品オオクワガタに一〇〇〇万円の値付けをしたというニュースが流れたのだ。このニュースによってオオクワブリードの存在は、日本はもとより、世界中に知れ渡った。

ただ、真実は、ショップが宣伝を含め派手な価格を付けただけで、実際に売った金額はそれよりもだいぶ安かったという。

オオクワの野外レコードは七六・六ミリだ。当時の養殖技術では、それを大きく上回る八〇ミリは二度と出現しないかもしれないとも言われた。なので、そうは言っても、相当な額で取り引きされたことは間違いない。ところが、今やオオクワの飼育レコードは九一・七ミリまで更新されている。

現在、オオクワブリーダーの人口は五万人とも、一〇万人とも言われている。さまざまなタイプのクワガタ愛好家がいるが、その中でもオオクワブリーダーの人口は突出している。日本の昆虫業界の大黒柱と言っていい。

オオクワブリーダーでもっとも多い層は四〇代、五〇代の男性だ。私はそのほぼど真ん中の世代だ。我々は養殖品が出てくる以前、幻と言われた頃のオオクワを知っている。

そんな世代が、ある日、スーパーやホームセンターで、わずか数千円で販売されている養殖オオクワを目撃する。こんなに安い値段で買えるのか？　思わず手にする。毎日、眺めているうちに、より大きな個体への憧れが募る。そうしてズルズルと「養殖沼」へ足を取られていくというのがもっともよくあるパターンだという。

かくいう私も十年ほど前、県内の道の駅で七五ミリくらいあるオオクワガタが数千円で売られているのを見て何かの間違いじゃないかと思ったことがある。生涯、手が届くことはないと思っていた幻のオオクワがこんな値段で手に入るはずがないだろう、と。

住宅事情等を考え、逸《はや》る思いを必死でなだめながらも、何度、手にし、レジに向かいかけたことか。

オオクワのブリードだけが突出して人口が多いのは、さまざまな要因が考えられる。オオクワは比較的大人しい。凶暴なクワガタだと、交尾のために一緒に入れておいたメスを殺してしまうことも珍しくない。しかし、オオクワはそんな悲劇とは無縁だ。また寿命の短い種だと羽化してから半年程度で死んでしまうが、オオクワは二、三年生きる。そのため、非常に扱いやすいのだ。

それらに加え、我々の世代を筆頭に「黒いダイヤ」「幻のクワガタ」といった刷り込みが強いため、所有欲が他の種類以上に満たされるのだ。

オオクワの三大血統

いったい人知はどこまで自然を操作できるものなのか。養殖オオクワは約二〇年で一〇センチ以上、大きくなった。関東最大級の昆虫ショップ・ランバージャックの店長・山口《やまぐち》学《まなぶ》が話す。

「九五ミリぐらいまではいくかもしれませんね。ただ、一〇〇ミリはいかないと思います。いったら、何らかのホルモン異常だと思いますよ。種の限界値というものがありますから。人類だって、どんなにがんばったって三メートルはいかないでしょう？　それと同じことですよ」

――九〇オーバーの個体はけっこう、入荷されるのですか？

「いやいや、そんなにないですから。（成功例は）一〇個体、出てるかどうかじゃないかな。八五ミリですら、まだ、そんなに出てないと思いますよ。うちにもオオクワをガチでやってる人はいますけど、そういう人たちでも八五ミリがひとつの壁ですから」

――ちなみに九〇ミリオーバーが入荷されたとして、価格は、どれくらいになると思われますか。

「う～ん、でも、三桁はいかないでしょうね。実質、二〇万、三〇万というところだと思います」

オオクワブリードの世界では「三大血統」と呼ばれるブランドが存在する。能勢《のせ》ＹＧ血統、川西血統、久留米血統だ。オオクワの産地として名高い大阪府・能勢、兵庫県・川西、福岡県・久留米にルーツを持つ個体の血をそれぞれ引いていて、いずれも大型化する特徴がある。

これらの個体は掛け合わせれば掛け合わせるほど、血が濃くなり、大型化していく。ただし血が濃くなり過ぎると、卵を産みにくくなる、羽化不全が起きるなどの弊害が生まれる。羽化不全とは、「羽根パカ」と呼ばれるように上ばねがしっかり閉じないなどの奇形になったり、羽化できずに死んでしまったりすることだ。そこがブリードの難しいところなのだ。

一〇〇〇万のオオクワ報道以降、大きさ争いは熾烈《しれつ》を極めた。クワガタ界において異種交配はタブーとされているが、中にはその禁忌《きんき》を犯す者も現れた。山口が言う。

「八〇ミリが出た数年後ぐらいかな、八二ミリが出たんです。あれは雑種だった、という噂を聞きましたね。グランディスを入れたようです」

グランディスオオクワガタとは、東南アジアや中国に生息する世界最大のオオクワガタで野外品でも九〇ミリ近くまで大きくなる。

全長至上主義という一つの方向への動きが強まり過ぎたため、その反作用として、二〇〇〇年代に入り「美形オオクワガタ」という価値観が誕生する。つまりは、大きさ以外のオオクワの魅力を発掘しようという姿勢だ。山口が言う。

「まず、表面のディンプルが少なくて、ツルッとしていることが大前提。そして、お尻がきゅっと締まっている方がいい。あとは、あごに不自然じゃないR（曲面）がついていることですかね。全体的に逆三角形の方がかっこいいとは思いますね」

二〇〇一年にむし社が創刊した『BE‐KUWA』は早くから「美形オオクワガタコンテスト」を開催し、今では恒例行事となっている。同誌以外でも「美オオクワ」を競うイベントが盛んに開催された。

ただし、そうした新たな流れも「大きいものほど高い」という業界の絶対的なしきたりを覆すところまでは至らなかった。

計算式は企業秘密

房総半島の西、袖ケ浦市に奈良輪《ならわ》という海に面した街がある。そこのブリーダーがつくりあげたオオクワ血統を奈良輪川西と呼ぶ。三大血統の川西の血を受け継ぐ優良血統で、業界で「極太血統」と呼ばれるように、全長はさほど長くはならないが幅が出るのが最大の特徴である。

習クワでは二年に一度、奈良輪川西血統のオオクワを二〇ペアから五〇ペアほど販売しているが、全国からファンが買い求めに集まるほどの人気血統である。入荷日には開店前から三〇名近いファンが列をつくることもある。二年に一度しか販売できないのは、奈良輪川西の飼育場のスペースの問題で、二年に一度しか繁殖を行わないせいだ。

石井が元祖習クワトレイディングを考案したのは、この奈良輪川西がきっかけだった。

「二〇一五年秋は、奈良輪川西のブリーダーさんが八三ペアも卸《おろ》してくれたんです。同じ八二ミリでも、やっぱりカッコよさがぜんぜん違う。これを同じ価格で出していいものだろうかと思ったんです。僕は絶対、ダメだと思ったんですね」

袖ケ浦市から習志野市まで下道を通り、約三時間かけて車で帰った。

「どうすればいいか、ずっと考えてました。もともと、でかくて不細工なものよりも、小さくてカッコイイものの方が評価されていいと思っていたんです。要は、それを正当に評価できる基準があればいいわけですよね。H率の考え方は、ずっと持っていたんです。つまり、全長に対し、頭の幅がどれくらいあるか。でも、それだけでは足りない。そこで思ったんですけど、カッコ悪さを指摘するときによく『お腹が長いよね』と言うんです。なので、お腹が短いことを加点の要素にすればいいと思った。そこからC率を思いついたんです。要するに全長に対する上半身率です。これで全長、H率、C率の三項目ができた」

店に着いてからは、この三つの要素をどのような計算式に入れればいいかを考え続け、明け方、ようやくその公式ができた。

「このレイティングのいいところは、個体の実寸を計算式に入れるだけという単純明快なところ。安倍総理がきても、トランプ大統領がきても、便宜のはかりようがない。美形オオクワコンテストのように審査員が審査するコンテストは、どうしても審査員の主観が入るので、結果が出たとき、優勝したのより三位のやつの方がカッコいいよな、という不満が出てくる。でもレイティングの場合、〇・〇〇一まで点数が出るから、有無を言わせず、勝ち負けが決まる。白黒はっきりつくのがいいんですよ」

以降、習クワでは「戦闘値」の高いものほど、つまりは、カッコいい個体ほど金額も高いという全国初の価格設定に切り替えた。

以下、ほんの一例である。

四〇九・〇九八点（オス＝七七・二四ミリ）……一万五〇〇〇円
四四一・五九三点（オス＝八〇・五二ミリ）……四万〇〇〇〇円

四七三・一九五点（オス＝八五・二五ミリ）……六万〇〇〇〇円
四七八・四八〇点（オス＝八二・三〇ミリ）……八万〇〇〇〇円

次第に客も石井が提案した価値観を理解し、戦闘値争いという「遊び」に乗ってくるようになった。

「最初はやっぱり一ミリでも大きいのをつくりたいというブリーダーさんが多かったんですよ。でも、今は、大きくてカッコいい個体をつくりたいという風に変わりましたね」

元祖習クワレイティングの計算式は企業秘密で、石井以外に知る者はいない。

「私はこの計算式は非常に画期的なものだという自信がありますから、きっと、真似されると思ったんです。計算式がばれて。なので『元祖習クワレイティング』と『元祖』を付けといたんです。でも、まだ誰にもパクられてないですね」

したがって、戦闘値を算出できる場所は今、世界中で習クワしかない。

習クワへレイティングを求めてやってきたブリーダーたちは、結果を聞き、絵にかいたように一喜一憂していく。石井が話す。

「競馬と一緒で、血が影響する遊びですからね。血を濃くしないと、つくりあげていけない。

でも血が強まると羽化不全も増える。そこのジレンマと戦ってますから。ぎりぎりのところでみなさん悪戦苦闘してますから。オオクワブリードは子どもが盛り上がってると勘違いしている人たちがいますけど、大人の遊びなんです」

大人でなければ、クワガタに何万円も注ぎ込むことなどとてもできない。

トップブリーダーほど、優良個体を生み出す秘訣は血統だと言い切る。石井は競馬にたとえる。

「今年のダービー馬は、パパもダービー馬だったでしょう？　血の力なんです。競馬のオーナーでも、お金があって、三年後にダービーを獲《と》るというのなら、迷わずに同じ血を引く二億五〇〇〇万円の馬を買えばいい。大人の手法として、金で解決するのはありですから。一方、名前は聞いたことないけど、ダービー馬の兄弟で、価格は二〇〇〇万という馬がいたとする。走る可能性は低いですけど、血は入っていますから。化ける可能性は秘めている。どちらを選ぶかですよね」

「ちょっと待ってよ。いや、まいったな。やばい、やばい。いや、これ、ワイドがすげーなー。上半身の立派さが違うでしょう」

石井が興奮を隠せない。

「ザ・奈良輪川西、って感じですよね」

習クワの常連で、トップブリーダーの一人だという「いまちゃん（ブリーダー名）」がレイティングにやってきた。

「全長が……八五・三八。でかい！　もう五年もやってるけど、このレイティングの仕事だけはあきねえな。おもしろくてしょうがねえ。測定に時間がかかるからめんどくせえんだけど、これ、何点でるんだろうってわくわくしちゃうんだよな」

頭の幅を測り、上半身を測り、それらをもとにC率を出し、H率を出す。いよいよ戦闘値が出たようだ。

「四七五・三六〇！」

「八〇までいかないか……。胸が広いだけなんだよな」

「でも、らしさは出てるからね。パパとして次、使いたいよね」

それにしても、秘密結社のアジトと見紛《みまが》いそうな建物の中に、こんな桃源郷が広がっていようとは……。

客が自分一人しかおらず、気まずい空気になったらどうしようと心配していたのだが、一人どころか、ひっきりなしに客がやってくる。

習クワに来れば、ブリードは簡単に始められる。石井が産卵セットを作ってくれるし、卵を産んだら、それも石井が取り出してくれる。以降、羽化するまでも、習クワに持ってくれば全部、石井が作業を代行してくれる。

じつはこの本の取材中、何度もオオクワブリードをやってみたいと思った。ブリードの一つの魅力は、血を掛け合わせるという、どこか自分が創造主になれるような優越感に浸れる点だ。ただし、それだけに手を出したら、もっとも危険な感じがしたのがこのブリードだった。

もう一つ、現実問題として、卵が三〇、四〇個産まれた場合、一ケースに一つずつ入れるので、ケース数が一気に増える。ウサギ小屋のような我が家にそれだけのスペースはどう考えてもなかった。

習クワに数日通い、何度となくレイティングの様子を観察した。最後、もう一度、展示用の五一四・四二六点をケースの上からのぞいてみた。すると、驚くことに、見え方が一変していた。たくさんの個体を見たせいで、ようやく違いがわかった。

思わず息を呑んだ。

化け物だ……。

第4章

コーカサスに恋して

スマトラでの野営地

ガのペルシャ絨毯

世界はガで溢《あふ》れていた。

二〇一八年五月一九日、場所はインドネシア・スマトラ島。今もオランウータンやトラが住む自然豊かな火山地帯である。

そんな島の南西、ベンクルという田舎町にそびえるブキットダウン山の標高およそ千メートル地点に野宿をし、二日目のことだった。

あたりの木々は農地開発によってほぼすべて伐採され、平らにならされていた。その一角に、ブルーシートをタープ状に張っただけの簡易的な寝床が設営され、その数メートル隣に二メートル×三メートルほどの大きな白

ものすごい数のガ

い布がまるで映画のスクリーンのように掲げられていた。

夜、そのスクリーンの上部中央に設置されたライトを点灯する。闇夜に真っ白な四角形が浮かび上がり、そこに虫が殺到してくるという仕組みだ。虫屋の世界では、これをライトトラップと呼ぶ。つまり、タープテントで寝転がりながら、ライトトラップにやってくる虫たちを夜中、観察できるというわけだ。

寝床もライトトラップも現地で雇った若い男の子たちが、あたりにある木や竹を使って、あっという間に組み立ててくれた。

午後六時半を過ぎ、空が薄墨色《うすずみいろ》の幕に覆われると、ガソリンエンジン発電機を回し、ライトを点灯する。発電機の轟音が響く中、ライトトラップがスタートした。

初日は気温が低過ぎたせいもあり、思ったほど虫は寄ってこなかった。二日目は午後、雨

艶めくコーカサスオオカブト

が降ったせいで、空気が湿り気を帯びていた。そんな日は、山の臭いも濃厚になり、虫が活性化するらしい。

出だしから、昨日より多いなと思っていたら、四〇分もしないうちに、もう隙間《すきま》がないくらいにスクリーンは虫で埋め尽くされていた。そのほとんどは、ガだった。

圧倒的な光景だった。複雑な模様と色彩のガが群がったスクリーンは、ペルシャ絨毯《じゅうたん》を思わせる。

スクリーンの近くに寄って観察しようとすると、次々とガが飛来してくるため目を開けていられない。

仕方なくターフの下に潜り込み、そこから眺める。すると、ときおり、闇の彼方から大きな黒い塊が突っ込んできた。

西洋槍のような三本の角と、ビロードのような深い緑の光沢を放った羽。

アジア最大のカブトムシで、インドネシア昆虫界の頂点に君臨するコーカサスオオカブトである。

コーカサスの亜種、アトラスオオカブトに非常に似ているが、コーカサスの方が大きく、またコーカサスには、サイを思わせるような真ん中の角の中央部に棘のような突起物がある。

コーカサスは性格が非常に荒く、昆虫界において世界最強とも言われる。そして、優美さも兼ね備えていた。照明を受けた背中が、濃緑色に艶めく。動くたびに乱反射するあでやかな装いは時を忘れさせた。

世界一のクワガタ王国

私は二〇一八年五月、全九日間の日程で、スマトラ島へ遠征した。もちろん、クワガタを採集するためである。

赤道をまたがるように延びるインドネシアは、日本の約五倍の面積を持ち、東西の距離は約五〇〇〇キロにもなる。これは北海道から与那国島までの距離のおよそ二倍だ。

島の数は約一万四〇〇〇と世界一だ。面積が広大で、かつ島国なため昆虫相は多様性に富み、世界一の昆虫王国と呼ばれている。

現地のガイドを務めてくれた吉川《よしかわ》将彦《まさひこ》が説明する。

「昆虫の種類数を正確に出すことはなかなか難しいのですが、私の考えですと、現在、世界で確認されている昆虫の種類は約百万種類と言われています。インドネシアは、そのうちの三割、三〇万種類ぐらいいるのではないでしょうか」

地域によって栄えた甲虫に違いがある。世界最大のカブトムシ、ヘラクレスオオカブトが生息する南米は、カブトムシが繁栄した地域だ。それに対し、アジアはクワガタが隆盛を誇る。したがってインドネシアは世界一のクワガタ王国ということにもなる。その種類は約四〇〇種と言われ、日本のほぼ十倍だ。

そんなインドネシアの中でもスマトラ島は、特に人気種や大型種が目白押しの地域だ。面積は日本の約一・三倍で、細長く、ほぼ真ん中を赤道が走る亜熱帯地域だ。

スマトラ島のクワガタは色がカラフルだ。ツヤ

「十億でも譲らない男」吉川将彦氏

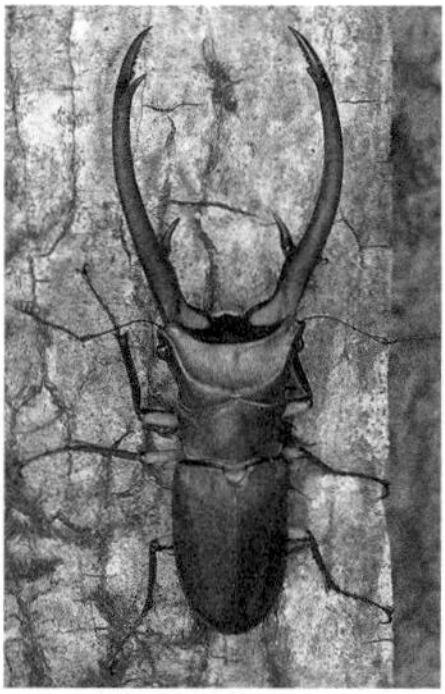
エラフスホソアカクワガタ

クワガタといって、ニスを重ね塗りした白木のような色の羽を持つ種類がいる。また、体と同じくらいの長さのあごを持ち、「クワガタの王様」と呼ばれるエラフスホソアカクワガタは、グリーンのオーロラをまとったような荘厳な色彩を帯びている。日本の地味な色彩のクワガタと比べると、まさに石と宝石くらいのギャップがある。

ちなみに、むし社の社長である藤田宏が外国産クワガタに目覚めたのは、このエラフスホソアカクワガタとの出会いがきっかけだったという。藤田がつくった『世界のクワガタムシ大図鑑』が収められた化粧箱の表面中央には、このエラフスホソアカクワガタの標本写真がどっかと鎮座している。色彩といい、造形といい、藤田が世界を代表するクワガタだと認めたということでもある。

また、スマトラ産はサイズがでかい。世界一長いクワガタも、世界一横幅が広いクワガタも、ここにいる。昆虫は赤道に近い地域ほど、サイズが大きくなる傾向がある。

この採集行の最大の目的は、世界最大級のクワガタ、マンディブラリスフタマタクワガタを捕獲することだった。

マンディブラリスは、大きいものだと一一八ミリにもなる。エラフスホソアカクワガタはかなりスリムだが、マンディブラリスは細過ぎず太過ぎず実に均整の取れた体をしている。あごも薙刀《なぎなた》のように長く力強い。

ところが、結論から言うと、マンディブラリス採集は中止になった。というのも、採集のためには、さらに山深くに入って行かなければならなかったのだが、その道中の村で何日か前に強盗殺人事件が起きたらしく、我々のような外国人が足を踏み入れるのはリスクが高いと判断したためだ。

「全身虫屋」のむし社・飯島和彦氏

このツアーは、そもそも、むし社の店長である飯島《いいじま》和彦《かずひこ》が計画したものだった。むし社は店舗で生きた昆虫、つまり「生体」や標本なども販売していて、その売り場を取り仕切っているのが同社の名物店長、飯島だ。世界中で昆虫生体の輸入を認めている国は日本くらいのものだという。飯島が解説する。

「日本の昆虫文化は特殊です。昆虫文化というより、昆虫飼育文化ですよね。古来から、コオロギやスズムシを飼う文化がありましたし、ホタルを愛《め》でたりもしてきた。外国人からしたら、まったく理解できないみたいです。日本はコンビニで虫採り網が売ってますからね。しようと思ったら、どこでも虫採りができる。そんな国は他にないと思いますよ」

初めて西表島へマルバネクワガタ採集に行ったとき、初日に私を案内してくれたのも、実は飯島だった。私より三歳若く、体は小さいのだが、ひとたび虫のこととなると無尽蔵の体力を発揮した。虫屋は虫以外のことになるとからっきしという人物も珍しくない中、飯島は社会性と経営感覚も兼ね備えていた。

そんな飯島から毎年一回、海外遠征を行っているという話を聞いたものだから、次の機会に私も是非同行させて欲しいと願い出たのだ。

ただ、日本とインドネシアの往復航空チケット代を除いたツアー代金の総額が三八万になるため、一九万ずつ負担することになるが構わないかと聞かれたときは正直、躊躇した。そんなにかかると思っていなかったのだ。

私は海外の昆虫採集も、正直、日本と同じように考えていた。実質、かかるのは交通費と宿代と食事代だけで、あとは現地で飯島が案内してくれるのだろうと。しかし、甘かった。

よくよく考えたら、街で観光するのとはわけが違うのだ。日本よりはるかに広大な異国の地で、まずは、観光客など誰もやってこないような田舎町まで移動しなければならない。それだけでも大変なのだ。

スマトラ島へ行くのにも、インドネシアの首都・ジャカルタ郊外にあるスカルノ・ハッタ空港から、飛行機を乗り継がなければならない。そこからレンタカーで四、五時間かけて、ようやく目的地のベンクルに到着した。そこから山へ入り、さらに数センチの虫を見つけるなど、とても個人の力でできるものではない。

野営地では毎日、四、五人の男の子たちが、食事も含め、身の回りの世話をしてくれた。ただ、食事は粗末だった。チャーハンの素を混ぜたごはんに目玉焼きを乗せるだけ。これが定番のメニューだった。しかも、おかずは乾麺をお湯で茹でただけの山盛りのヌードルだったりする。

油が悪かったのか、三日目の夜中、激しい腹痛に見舞われ、寝袋の中で悶絶した。雨が降る中、何とか寝袋を這い出る。傘を差し、ヘッドライトの灯りを頼りに適当な排便の地を見つけ、木の枝で穴を掘った。そこへ下痢気味の便を流すと、痛みもきれいに下へ流れ落ちていった。焦ったが、事なきを得た。

飯島にその話をすると、海外遠征では下痢は付きものだと笑われた。

「汗だくになって、ずぶ濡れになって、虫に刺され、下痢になり……、こんなに苦労して採ったって、たいしたものは採れない。世界はとてつもなく広いですから。いいものが欲しいなら、買った方がはるかに手っ取り早いですよ。だから、こっちにいるときは、まだ五日もあるのか……って辛いんですけど、でも、帰ってきて、採集したクワガタの標本とか、写真を観てると、ああ、楽しかったな、と。来年まで海外は行けないんだなって寂しい気持ちになるんですよ」

食生活は辟易《へきえき》したが、そんな彼らがいなければ、軽く三〇、四〇キロはあるだろう発電機を山の上まで運び上げることなど不可能だし、あんなに大きなライトトラップを仕掛けることもできない。

また、仮に採集地で何かあったとき、彼らがいることとの安心感は計り知れない。

飯島は海外遠征をプランニングする際、まずはその国で日本語が通じるガイドを見つけるのだという。すると、そのガイドが運転手や車、あるいは採集地のガイド等を手配してくれる。

どんなに物価が安い国でも、昆虫採集ともなると、既述したように、移動距離は長くなるし、移動手段も多様になる。ちなみに、マンディブラリスの採集地までは車が入れないため、現地ガイドが運転するバイクの後ろにそれぞれ乗せてもらうことになっていた。そうしたケースもあるため、雇うガイドの人数も多くなり、ツアー代金もそれなりのものになる。

ただ、私は一つのことを知った。これまでの私からすれば、海外で昆虫採集をするなど、夢のまた夢だった。不可能。無理。別世界。極端な話、宇宙旅行とほぼ同義だった。

しかし、金はかかるが、ガイドを頼れば、人は、大抵のところへは行けるし、大抵のことはできるものなのだ。

たとえば、アマゾン川で大ナマズを釣り上げる。できるだろう。アラスカの氷河でキャンプを張りながらオーロラを眺める。それだって、きっとできる。

この世界において、できることは案外、多いのかもしれない。そう感じさせてくれたことは、このツアーにおける大発見だった。

そして、この遠征で、もう一つの大発見があった。インドネシア在住の日本人ガイド、吉川である。

飯島は吉川とは旧知の関係だったようで、スマトラ遠征を考えた際、まずは、吉川に相談したのだという。

身長一八〇センチ、体重六〇キロの吉川の第一印象は、性格はどこまでもおっとりしていて、丁寧で、親切。ただ、ザックがボロボロで背負いベルトの根元の部分を自分で縫い直した跡があったのと、鼻毛が伸び放題なのが気になった、という程度のものだった。

十億でも売れない標本

ツアー中、昼間は樹液の出ている木々を見て回り、夜はライトトラップの前で待ち構えるというサイクルを繰り返した。そして、その合間に、吉川と飯島と昆虫談義をした。

採集初日、途中でスコールに見舞われたため、雨宿りをしつつ、三人で雑談をしていた。

吉川が話し始めた。

「インドネシアの昆虫の中では、コーカサス（オオカブト）がいちばん好きなんですよ。一一センチとか一二センチくらいあるコーカサスを初めて見たときは、別の生き物に見えましたね。地球上にこんな造形の虫がいることが不思議で」

吉川はそれらを上回る一三センチのコーカサスの標本を所持していた。しかし、それを手に入れるまで何度も失敗を繰り返したのだという。

「一三センチあると言われ、それまでにも六体ぐらい買ってるんですけど、どれも一三センチもなかった。二五〇〇ドル振り込んで、送ってこなかったなんてこともありましたね。リスクがあっても欲しいから、つい振り込んでしまうんです。欲しい人がいっぱいいるから、向こうの方が強気ですしね」

　飯島いわく、コレクションとはそういうものなのだという。飯島も声高に自分のコレクションを誇るわけではないのだが、言葉の端々から、相当なコレクターであることが伝わってきた。

「たとえば、その個体一つだけ取れれば、五〇万円で買えたかもしれない。でも、そこに行き着くまでにどれだけのお金と時間を使ったか。いい情報を得るためにも、ちょこちょこ買ってやらないと、いいものが入ったときに教えてもらえませんからね。もちろん、失敗することもある。それなのに、そういう話を聞くと、いかにも自慢げに俺はもっと大きいの持ってるよ、みたいなことをすぐ言う人がいるんです。本当に持ってるか持ってないかはわかりませんよ。でも、それは標本という大人の趣味の世界を冒涜《ぼうとく》する行為だと思うんです。だから、僕はそういう人は本当に嫌いです。あと、お金に物を言わせて短期間でコレクションする人は、持ってるものの質はうすいと思います。三〇万とか五〇万とかをすぐ出しちゃう人は、売る方からしたらありがたいお客さんなんですけど、どうなのかなとも思ってしまいます。本当にいいものに出会えるのは、年に一つか、二つです。それを長年かけて、コツコツ集めていく。それがコレクターのあるべき姿だと思います。昆虫標本は芸術品や骨とう品と違って、百万、二百万なんて額で取り引きされることは滅多にありません。数千円からでも始められる。そこが魅力なんですよ」

飯島も「全身クワガタ屋」であり、「全身虫屋」だ。ときどき、その情熱がほとばしり、場外に飛び出さんばかりのセリフを吐く。

「結婚を機に、昆虫をやめちゃう人とかいるじゃないですか。僕は、それ、許せなくて。なんで、付き合っている女性が嫌だと言ったらやめちゃうの？　って。その程度かよって。僕だったら、そんなことを言う女性とは別れるけどなと思っちゃいます。だって、自分がすごく好きなことを否定するような人間とは一緒にいられないじゃないですか」

吉川も飯島も独身だった。

吉川のネットワークは、インドネシア中に張り巡らされている。そのため、携帯にはインドネシア内の採集業者から頻繁に買い取り依頼のメールが入る。業者は通常、何人もの採集者、いわゆる「採り子」たちを抱えているものだ。ボスは、その採り子たちから虫を買い、それを吉川などの標本商に卸すのだ。

コレクターは、少しでも大きなものを欲しがる。そのため吉川は八・五センチ以上のコーカサスなら買うが、それ以下のものは原則、断るという。

「八・五センチ以上のものは捕まえるのはもちろん、卸業者でも、そうそう簡単には見つからないんですよ」

われわれのライトトラップにかかったのも、大きなものでも八センチあるかないかという程度だった。

一三センチのコーカサスなど、ほとんど化け物だ。

——一三センチのコーカサスは、ギネス（世界最大個体）なんですか？

吉川「いや、いちばん大きいのは一三・三でしたか」

飯島「そうですね」

吉川「一三・一ですね」

——吉川さんのは、一三センチジャスト？

——いくらぐらいするものなのでしょう。

吉川「買ったのは二〇〇六年の一二月だったと思うんですけど、安かったですよ。日本円で四万円とかそんなものでしたね。まだ、評価が低かったんです」

――今、それを売ったら？

吉川「一三センチなら、五〇万出すという人はいるでしょうね。一二・九と、一三では倍くらい違うと思います」

この会話をしているときはまったく知らなかったのだが、じつは最大個体と言われる一三・三センチのコーカサスを持っているのは飯島だった。飯島はそんな素振りさえ見せなかった。このあたりが飯島のコレクターとしての奥ゆかしさなのだ。

カブトムシの中でも、世界最大のヘラクレスオオカブトは市場規模も大きく、養殖が盛んに行われている。そのため大きさではブリードの個体が野外で採集した個体をすでに上回っている。

ところが、ヘラクレスほどの人気種ではないコーカサスは、そもそも養殖する人が少ない。また、標高が高いところに生息する種は、養殖で大きな個体を出すことが難しいと言われる。したがって、コーカサスに関しては、市場に出回っている大型個体はほとんどが野外で採集されたものだ。飯島が解説する。

「コーカサスの養殖ものは、一二センチもまだ出ていないので、一三センチが出たとしてもはるか先だと思います。何人もの人が本格的にやって、何世代もかけて、（大きくなる）DNAを集約させていかないと。餌《えさ》の研究も必要ですしね」

甲虫の世界で人気ベスト30に入るくらいの種類は、すでに野外品を上回る養殖品が市場に流通している。ちなみに国内の養殖御三家はオオクワガタ、ヘラクレスオオカブト、ニジイロクワガタだ。オオクワとヘラクレスは大きさ、ニジイロは発色を競う。

ただし、コレクターの世界はあくまで野外品を珍重する。一八センチの養殖ヘラクレスよりも、一七センチの天然ヘラクレスの方がはるかに価値は高い。

それにしても、一三・三センチのコーカサスに、いったいどれくらいの値が付くものなのだろうか。

「百万、二百万では譲れませんね」

飯島はそうキッパリ言った。

ある標本市で、やはりスマトラ島で採集された「一二九・五～一三〇ミリ」という微妙な表記のコーカサスが販売されていた。価格は、九七万二〇〇〇円だった。ほぼ百万である。

その価格を参考にすれば、飯島の「価格感」は決して常識外ではない。

「もう二度と、手に入らないかもしれませんから。それくらいで手放してしまったら、今までの苦労がなんだったのかということになる。一千万出すという人が現れたら、考えるかもしれませんね」

どこまで本気で言っているのかわからなかったが、コレクションの世界の深淵を見せつけられたような気がした。

ところが、吉川はもっと突き抜けていた。

「僕は十億でも譲らないでしょうね」

さすがに飯島も「十億と言われたら考えるかも……」と折れた。

だが吉川は揺るがなかった。

「(飯島さんは)十億なら譲りますか。私は譲らないと思います」

静かな物言いだったが、そこには、この人は本当に譲らないんだろうなという決然たるものを感じさせた。

今回の取材は、クワガタに取り憑《つ》かれた人だけに絞ろうと考えていた。あまり手を広げ過ぎると、切りがないからだ。

しかし、そんなルールが実に微小で、つまらないものに思えるほど、吉川の人生、キャラクターは規格外だった。

吉川の話し方と、声のトーンは、どこか井上陽水を思わせた。ゆったりしていて、声が鼻腔を抜けてくるのだ。吉川にカメラのシャッターをお願いすると、ニヤニヤしながら言った。

「はい、チーズ」

「チーズって言う人、久しぶりです」

「もう言わないですか。化石みたいなもんですから。もう化石だからいいんですけど」

化石という言葉が思わず口をついて出たことがよほど嬉しかったのか、吉川はいつまでもけたけたと笑っていた。

気づいたときには、遠征中、私にとって吉川は最大の取材対象となっていた。

絶対に結婚したくない！

神奈川県横浜市に生まれた吉川が昆虫に目覚めたのは小学一年生のときだった。当時、毎週観ていた地球上の生物を扱う番組で、アフリカに生息している、ある昆虫を特集していた。

ゴライアスオオツノハナムグリ――。

それが吉川の「初恋」の相手だった。中央アフリカに生息するコガネムシ科の昆虫で、胸部の白いストライプが特徴だ。大きなものだと体長は一〇センチ超、体重も一〇〇グラムを超える。一〇〇グラムといえば、コンビニサイズの肉マンくらいの重さだ。世界最大級のハナムグリで、世界最重量級の昆虫としても知られる。

先ほど、甲虫においては、南米ではカブトムシが、アジアではクワガタがそれぞれ栄えたと書いたが、アフリカ大陸でもっとも繁栄したのがこのゴライアスオオツノハナムグリを始めとする大型ハナムグリだった。吉川が語る。

「わかりやすく言えば、でっかいカナブンです。普通のものは茶色なんですけど、全体的に白くなる個体もあって。白くなればなるほど、価値が上がっていく。すごい衝撃を受けて、それをきっかけにどんどん虫が好きになっていったんです」

お小遣いをためては昆虫図鑑を買い、それを手本に虫の絵を描くようになった。小学二年生のとき、自然豊かな千葉県佐倉市に引っ越してからは、昆虫採集に勤《いそ》しむようになる。ノコギリクワガタ、コクワガタ、オオクワガタ、カブトムシ、シロスジカミキリなど、図鑑でしか見たことのない昆虫が掌《てのひら》の中にいる。その感激が興味を加速させ、いずれアフリカでゴライアスオオツノハナムグリを採集することを夢見るようになる。

吉川には薬品会社に勤める父と、専業主婦の母と、一人の姉がいた。教育熱心な家庭で、吉川は高校入学の際、すでに将来設計を固めていた。

「会計士になろうと思っていたんです。親に、会計士は高給だし、安定してるよ、みたいなことを言われて。なので、高校、大学は商業系の学校を選びました」

大学生になると資格試験の勉強に追われるようになり、その頃には、あんなに大好きだった昆虫のことなどすっかり忘れてしまっていた。

大学卒業後は成田空港の免税店で三年働き、その後、ようやく千葉市内の会計事務所に働き口を見つけた。

理想の職に就いた吉川は、将来の自分の未来像をこう描いていた。

「自分探しの本の中に、夢をかなえるためには、自分の部屋に将来の夢を書いた大きな紙を貼っておいた方がいいって書いてあったんです。なので、十年後、二十年後、会計士として成功して、大きな家に住んで、高級車に乗って、美人の奥さんをもらうって書いたんです。潜在意識に働きかけるためにも、毎朝、起きたら真っ先にそれを見なきゃいけないらしいです。でも、だんだん見なくなってきて。あれ、自分のやりたいことって、これじゃないのかなって疑い始めて……」

会計事務所に勤めるようになって三、四年経った頃だった。

当時、吉川には結婚を前提に五年近く付き合っている女性がいた。ただし、そもそも付き合った理由がやや均整を欠いていた。

「動物って、何のために生きているかっていったら、やっぱり種を残すためじゃないですか。それは人間も同じだと思ったんです。なので、絶対、結婚しなくちゃダメだと思っていて」

吉川は無理に無理を重ねた。

「結婚して幸せになるドラマを見まくっていたんですよ。ああ、これが幸せなんだって思い込もうとして。でも、嫌な行動って、ストレスがたまるじゃないですか。私、今は（体重）六〇キロなんですけど、そのとき八〇キロぐらいになっちゃって。ある日、『絶対に結婚したくない！』みたいに爆発しちゃったんです」

それから間もなく、吉川は別れ話を切り出した。

ユートピア

別れがあれば、出会いもある。同じ頃、予期せず「初恋」の人と再会を果たした。今となっては店名も、場所も忘れてしまったそうだが、たまたま入ったデパートで世界の昆虫標本展が開催されていた。そこに幼少期、恋い焦がれたゴライアスオオツノハナムグリがあったのだ。標本で見るのは初めてだった。

激しく燃え上がった恋の季節が一瞬にして蘇り、衝動買いした。一〇センチほどの個体で、二万円くらいだったと記憶している。

焼け木杭《ぼっくい》に火がつき、それからというもの標本を買い漁るようになる。昆虫採集も再開した。そうして再び、海外での昆虫採集を夢想するようになった。

ただし、仕事が忙しく、そんな夢も明滅を繰り返したまま、会計事務所に勤めるようになって丸九年が過ぎようとしていた。

そんなある日、東京都内の取引先を訪ねた帰り道だった。

「東京へ行ったときは、真っすぐ帰るときもあるし、本屋さんへ立ち寄ることもあった。その日は、妙に本屋へ寄りたいなと思った。それで昆虫関係の雑誌に目を通していると、インドネシアの昆虫採集の広告が出てたんです。インドネシア旅行社っていうところのツアーでした。一週間で三〇万円くらいだったと思います」

実は数年前にも一度、そうしたツアーに申し込んだことがあった。ところが、そのときは定員が集まらず、中止になってしまった。今度は単独ツアーゆえ、その心配もない。運命の糸に導かれるように吉岡はツアー参加を決める。

採集地は首都ジャカルタの南およそ八〇キロのところにあるスカブミという地域だった。

「今思えば、たいしたものは採れなかったんです。でも、日本にはいないような昆虫がいっぱい（ライトトラップに）集まって来て。コーカサスオオカブトも十匹くらい飛んできました。いちばん大きいので、一〇センチぐらいだったかな。当時は日本のカブト、クワガタしか見たことがなかったので、こんなの本当に採れるんだと驚きましたね」

吉川が小さい頃、よく聞いていた歌の一つにゴダイゴの『ガンダーラ』があった。その歌詞の中に、人生の楽園として「ユートピア」という表現が出てくる。吉川が言う。

「小さい頃、あれを聴いて、憧れたんですよ。ユートピア。誰の心の中にもユートピアってあると思うんです。インドネシアに行って、思ったんですよ。ここが自分のユートピアなんじゃないか、って」

帰りの飛行機に乗る頃には、もう決心は固まっていた。

「ここがおれの住みかなんだな」

行動はこれ以上ないほど早かった。休み明けの出勤初日、直属の上司に言った。

「私、会社を辞めることにしました」

慰留されたが、もう誰も吉川を止めることはできなかった。もちろん家族にも反対された。

「私が会計事務所に勤め始めたとき、父がくも膜下出血で倒れて、大手術をしたんです。それから、ちょっと知能に障害が残ってしまって……。それもあって、母も姉も、なんで一人でインドネシアになんて行っちゃうのよ、というのはあったと思います。ただ、『どうせすぐ帰ってくるだろう』ぐらいに思ってたみたいですね」

運命のコーカサス

会社に辞意を伝えた三カ月後、吉川はもうインドネシアに旅立っていた。

吉川はジャカルタから車で一時間ほどの距離にあるボゴールという都市でアパートを借りた。そして、インドネシア語の語学学校に通いつつ、昆虫キーホルダーをつくるなどし、辛うじて糊口《ここう》をしのいでいた。

「本当は標本とかも扱いたかったんですけど、昆虫標本のマーケットって小さいんですよ。なので、限られた人しかビジネスが成り立たないんです」

勢いでインドネシアに移住したものの、進むことも退くこともできない日々が続いた。

前の恋人と別れて以来、自分は恋愛に向いてないと思い込んでいた吉川だが、じつは、このとき、人生で何度目かの恋に落ちていた。

相手はインドネシアの昆虫ツアーを企画したインドネシア旅行社の担当者だった。

「渋谷に会社があったのですが、打ち合わせで何回か会っているうちに好きになってしまったんです……。当時、僕が三七歳で、向こうは二四歳ぐらいだったと思います。インドネシアが大好きな子だったので、僕がインドネシアに住むようになってからも、何回かインドネシアに遊びに来ていて。何度か、デートのようなこともしたんです」

しかも、その女性が会社を辞め、インドネシアに移住することになった。もう気持ちを抑えることはできなかった。

意中の女性は吉川が住むボゴールから一五〇キロほど離れたインドネシア第三の都市・バンドゥンに住むことになった。吉川の回想だ。

「どうしても会いたくなって。インドネシア語もまだしゃべれない。地理もよくわからない。その頃、超貧乏だったんで、電車賃も大変な出費だったんですけど、覚悟を決めて、電車で会いに行ったんです。会って、『恋人になってください』と言おう、と。でも、好きな女性を前にすると、なかなか言えないですよね。心臓がドキドキして。結局、何も言えなかったんです。帰りの電車で、大泣きしました。なんてダメな男なんだろう、って。言って断られるならまだしも、何も言えなかったわけですから。情けなくて、情けなくて……」

翌日、悲嘆に暮れる吉川のもとに地元の昆虫卸業者から一本の電話が入った。

「コーカサスの一三センチの標本が入ったんだけど、欲しいか？」

吉川が欲しいと即答すると、次の日にさっそく届けてくれた。ひと目見て、これまでの個体とは容積がまるで違うとわかった。その重厚感に圧倒された。

「当時、私が知っているコーカサスは、一二センチぐらいまででしたから。一三センチは、こんなでっかいのかと。すごく感動したんですよ」

一センチ大きくなっただけだが、そのぶん幅も広く、厚みも増し、一回りも二回りも大きく見えた。

吉川はその日、その標本を飽かずに眺めた。そして、この出会いは運命だと思った。霧が晴れるように、あらゆる迷いが消えていった。

「そのとき誓ったんです。おれはインドネシアの昆虫で生きていくんだと。おれはインドネシアの昆虫だけのコレクターになるんだって」

それまでは、大型ハナムグリを始め、世界中の昆虫標本を収集していた。しかし、それらはすべて手放した。そして、恋も、だ。

「彼女のことも、もう忘れよう、と。それほど一三センチのコーカサスに魅了されちゃったんだと思います」

それからほどなくして、ネット上に「インドネシア昆虫センター」という標本販売のネットショップをオープンさせる。

まるで公的機関のような名称だが、こんな意思の表れだった。

「インドネシアの昆虫が集まる中心（センター）になりたいっていう願いを込めたんです。インドネシアの昆虫は、みんな私のところに集まってこい、と」

同サイトのトップページには今も、一三・一センチのコーカサスの写真が掲載されている。

「これが私の原点ですからね」

ルーツであると同時に、看板にもなった。

「会社の顔です。いい標本って、やっぱりひと目を引きますからね。そういうのが一匹でもあると、他にもいいものがあるんじゃないかって、人が寄ってきてくれるんですよ」

年商四〇〇〇万

設立から十数年、吉川は「虫のことだけ見て突き進んできた」と回想する。

そして今日《こんにち》、会社は、標本販売、キーホルダー販売、ツアー業などで年商四〇〇〇万を稼ぎ出すまでになった。スタッフは、ほぼ専属で働いてくれている外注業者も含めると約二〇人にもなる。

昆虫ビジネスで大成功を収めたと言っていい。しかし、吉川は、そんな素振りも気負いも見せない。

「努力もしたんだろうし、苦労とかもあったと思うんですけど、好きなことをやっているとあんまり感じないんですよ。趣味の続きでやってるんで。日本が恋しくなることとかもなかったですね」

標本は今、経済が好調な台湾の顧客がもっとも多いそうだ。吉川が話す。

「実際に集計したわけではないので正確な数字はわからないですけど、十件、申し込みがあったら、三件くらいは台湾だと思います。あと多いのは、韓国、中国、ロシアですね。十件中七件はその四カ国が占めると思います。日本はもうほんのわずかです」

　バブルの頃、日本でも、今では信じられないような高額で標本が売れた時代があった。しかし、バブル崩壊とともに暗黒時代がやってくる。二〇〇〇年代に入り、少し持ち直したものの、現在は再び低迷期に入ってしまった。吉川が話す。

「日本は大きいサイズか、珍しいものしか買ってくれなくなっちゃいましたね。標準的な標本は本当に売れない。なので海外展開するしかないんです」

　標本は数十円で購入したものに数十万円、ときには百万円以上の金額が付くこともある。

「有名ではない虫だと、現地の人もわかりませんから。なので、これをまとめていくらみたいに買うわけです。そうすると、中には、とんでもない利益率になるものが入っていることもある。なので、もっと標本ビジネスを拡大していきたいのですが、なかなか難しいところもあるんですよ」

　標本商は、高額な値が付くものだけをピックアップするわけにはいかない。ある程度、買い支えしないと、採り子たちの生活が行き詰まり、廃業してしまうからだ。彼らの採集意欲を維持するためには、ときに損を覚悟で大量購入せねばならないときもある。

「お金が入ってきても、あっという間に出て行ってしまうんです」

また、その中で利益が出ても、吉川は、ほとんどすべてコレクションに注ぎ込んでしまうのだった。

一二〇円のTシャツを十年着る

吉川は標本商であり、コレクターでもある。その二つを両立させるための難しさをこう語る。

「お金が回らなくなったからといって、核となっているコレクションを手放してしまうと、コレクターとしてのモチベーションが落ちてしまう。なので、自分のコレクションだけは絶対に売りません」

横で飯島が深く頷《うなず》いていた。

「本当にいいものはコレクターにとって精神的な支柱でもあったりするんで、それがなくなると精神のバランスが崩れていくと思います。急に収集欲がなくなって、全部売っちゃえみたいなドライな気持ちになってしまうとか。そうなると、すごい虫が採れても、商品としてしか見られなくなって、お客さんと気持ちを共有するのも難しくなると思う。お客さんと売り買いだけの関係になるのは、商売上はいいことなのかもしれませんけど、ちょっとさみしいですよね」

吉川のボゴールにある自宅兼仕事場は、壁という壁にケースに収まった標本が飾られていた。観賞用に昆虫の足などをきれいに開き、ピンで固定することを「展足」と呼ぶが、展足する前の段階の簡易包装されただけの標本が詰まったタッパーも、そこかしこにうずたかく積まれていた。

——自分のコレクションって、いくつくらいあるのですか？

「数を数えたことがないので、わからないですね。何千は絶対にいっていると思いますけど」

——今まで、いくらくらいコレクションにお金を投じたんですか？　ウン百万くらい？

「そんなもんじゃないです。何千万ですね」

飯島が勢いよく割り込んでくる。

「僕とかだって、たぶん、ウン百万とかじゃなく、家を建てられるくらいのレベルに到達していると思いますよ。みんなけっこう無理して使ってますから。給料をそれなりにもらってる人たちは、みんなコレクションに使っちゃってると思います。ちょっとお金を持ってて、コレクション歴五〇年とかいう人だったら、億は使ってるでしょうね。コレクターで火の車になってる人、いっぱいいますから。『飯島さん、来月やばいんで、この虫買ってくれませんか？』とか。標本の魅力に取り憑かれた人たちは、ある種の変態かもしれないですね」

私は取材中、高額な標本の話を聞くたびに、自分が普段、何かにつけてお金を出し渋っていることがバカバカしく思えてきた。飯島もこう笑った。

「すごくいい虫がいて、一〇万円とか聞くと『安い！』て買っちゃうんですけど、五万円のいいコートを見つけても『五万か……』って迷いますね」

吉川も同調する。

「確かにそれはありますよね。私もインドネシアの虫で、まだ自分が持ってないものならば、高くても買います。虫に関しては、いくらでもお金を払います。まとめて一〇〇万単位で買うときもありますから。でも、他の物だと、なんでこんな払わなくちゃいけないんだみたいな感じです。虫以外は、私、ケチですよ。Tシャツも一万五〇〇〇ルピアのものを愛用していますから。今着てるのも、十年くらい着てます」

当時、一ルピアは〇・〇〇七五円。つまり、約一一〇円のTシャツということになる。そのとき着ていた「十年もの」は、体のラインにピッタリ合った若者風の水色のTシャツだった。山に入るときは長袖の方がいい。そのため、サラリーマン時代に着用していた左腕に「M・Y」と刺繍が入ったボロボロのワイシャツを今も使い続けている。

「普段から、汚いシャツに、切れたズボンにサンダルみたいな恰好をしているので、この人はご飯を食べられてないんじゃないかと思われて、見ず知らずの人に食事をごちそうしてもらったことがありました」

そこまでみすぼらしくは見えなかったが、どこからどう見ても年商四〇〇〇万の会社のトップには見えなかった。

そんな吉川が見据える最終的なゴールは、図鑑をつくることだという。

「インドネシアの昆虫大図鑑をつくるのが夢なんです。専門的なものではなく、一般の人向けにつくりたいなと思っているんです。インドネシアの昆虫を実物大でバーッと載せて、インドネシアってこんなすごいところなのかとわかって欲しい。伊能忠敬《いのうただたか》って、いるじゃないですか。彼は晩年、日本地図をつくった。私は、比較にはならないですけど、インドネシアの昆虫を知るための『地図』のようなものをつくりたいんです」

インドネシアの昆虫をすべて集めるのは、おそらく人の一生でできるような仕事ではない。四〇〇、五〇〇種はいると言われるクワガタだけでも集めるのは至難の業だ。したがって、限界は承知の上で、自分が納得するところまでは収集を継続するつもりだという。

「たとえば今はカミキリムシにいちばん力を入れているんです。インドネシアでは、だいたい一万種類いると言われているんですよ。でも、まだ二〇〇〇種類くらいしか手元にない。まだまだ、ぜんぜん足りませんね」

図鑑づくりは地道な作業だ。標本をきれいにし、展足するだけでも、膨大な時間がかかる。そこで手を抜くと、みすぼらしいものになってしまう。

年齢を重ねれば重ねるほど目は悪くなり、手先の作業もしんどくなる。どこかの年齢で図鑑づくりという「大海」に漕ぎ出す決断をしなければならない。吉川は言う。

「死ぬまでにはつくりたいと思っているんです。ただ、年をとると気力が衰えますから。早ければ五年後、長引いたら十年後くらいにはビジネスをストップして、蓄えで何とか食べていきながら、図鑑づくりに専念したいなと思ってます。こっちだったら、一カ月一万円もあれば十分、生活できますから。図鑑をつくろうと思ったら、五年くらいはかかるんじゃないですかね」

インドネシア人になる

吉川はインドネシアではスタッフに「ヨシさん」と呼ばれ親しまれている。インドネシアに移住し二年目、すでに「二、三〇年いるみたいだ」と言われたそうだが、それくらいこの土地に馴染《なじ》んでいる。

「インドネシアに来て、自由ってこういうことなんだなって思いましたね。異国にいるからか、どう思われてもいいや、って。日本にいたときは、すごく見栄を張っていたなって思うんです。誰々の年収がいくらになったとか聞くと、悔しかったり。でも、そういうこともまったくなくなりました。人は人、自分は自分みたいな」

一時期、腰まで髪を伸ばしていたこともあった。

「やったことないので、やってみたくて。中学までは親に切れと言われて坊主頭だったんです。親が厳しかったことの反動で、こっちに来ちゃったのかもしれません」

吉川はインドネシアでは靴を三足しか持っていない。普段履き用のサンダル、山に入るとき用の長靴、そして走るとき用のランニングシューズだ。

正装が求められる場でも、ワイシャツにネクタイをし、下はジーパンとランニングシューズで済ませてしまうという。

「草履《ぞうり》がいちばん楽じゃないですか。靴下を履かなくていいんで。でも、日本に帰ったときは、親に『草履はやめろ』と言われるので、靴を履いてます」

吉川の家族は一度もインドネシアへ来たことがないそうだ。

「母も、姉も、私と価値観が違うんです。豪華なところに泊まって、豪華なものを食べたいという人たち。なので、ハワイとかだったら来るんでしょうけど、インドネシアなんて、なんでわざわざ行かなきゃならないんだみたいな感覚なんだと思う。まあ、耐えられないと思います。確かに、不便なことも多いけど、慣れると楽ですよ」

昆虫採集中は、汗だくになりながら、それでも何日間もシャワーすら浴びることはできない。山中での採集を終え、六日ぶりに山を下りてきたとき、吉川が真っ黒になった靴下を脱ぎながら嬉しそうに言った。

「靴下かえてないから、臭いですねー」

こぼれるような笑みを見せながら悪臭をまき散らす吉川が、そのとき、なぜか仏様のように見えた。

吉川は図鑑づくりという夢を実現した暁《あかつき》には、インドネシア国籍を取得するつもりだという。終《つい》の棲家《すみか》となる場所も決めていて、そこに土地も購入していた。

「インドネシアは虫がたくさんいるというのもそうですけど、日本みたいにせかせかしていないのがいいですよね」

永住を見据え、健康管理にも気を使っている。毎晩、八時には就寝し、深夜二時に起床。朝食は朝七時に食べるリンゴ一個だけだという。ジョギングも頻繁にする。そうして体重六〇キロをキープしているのだ。

「こっちの病院だと、日本なら助かるような病気で死んでしまうので」

インドネシアに骨をうずめることに関し、親に対しては、少なからず後ろめたさがある。

「最初の頃、日本に戻るたびに『早く帰ってこないと就職先なくなるよ』って言われてたんです。でも、もうあきらめてると思います。申し訳ないとは思いますけど、自分の好きなように生きることこそが親の幸せなんだと自分に言い聞かせてます。でないと、やってられないので」

じつは吉川は日本のテレビ番組に大々的に取り上げられたことがある。それは世界中の辺境の地に住む日本人を訪ねるという全国ネットのバラエティー番組だった。

番組の中ではボロ小屋で虫に囲まれながら昆虫ビジネスをしているという設定になっていたが、それはいわゆる「ヤラセ」だった。その小屋は倉庫で、本当は、その界隈では豪邸と言ってもいい立派な二階建ての家に住んでいる。

母親にその番組を「いつも見てるよ」と言われたことがある。

「録画していたので、何度も見ては、喜んでくれてたらしいですね。もちろん、親には住んでる家の写真を送ったことがあったので、あの汚い小屋は倉庫だということは知っていました。親はありがたいですよ、本当に」

近くにいて親孝行をできない代わりに、吉川は、毎月欠かさず実家に仕送りをしているという。

吉川の来し方を眺めていると、にわかに自分の足元がグラつき始める。

自分はそれなりに自由に、それなりに楽しい人生を送れていると信じていたのに、自分にも今とはまるで違う、もっと自由な、もっと幸福な人生があったのではないかと思えてきてしまうからだ。

十億でも一三・一センチのコーカサスを譲らないという話を私が納得しかねていると、吉川はこう言った。

「中村さん、お子さん、いらっしゃるんでしょう？　大事ですよね。十億で売るかっていったら売らないですよね、絶対に。そういうことなんです」

わかったような気もしたが、わからない気もした。というのも、世の親のほとんどがそれはそうだろう。だが十億積まれてもコーカサスを売らないと言い切れる人は、世界中でそうはいない。いや、吉川だけではないか。言ってしまえば、たかだか虫だ。

「自由になれたのはコーカサスのお陰なんですよ。そのきっかけをつくってくれたんで。いくら積まれたって、とてもじゃないけど売れないんです」

吉川は自分だけの幸せの基準を持っている。それはどんな豪邸に住むよりも、どんな高級車に乗るよりも、どんな美しい妻を持つよりも、ゴージャスなことに思えた。

十億でもコーカサスを売らない理由——。

それは世界一の昆虫王国で、「一二〇〇円のTシャツ」を十年間、着続ける自分だけのユートピアを守るためだった。

エピローグ

好きは最強――。

あるとき、愛媛県の高校で講演会をする機会があった。そのときに選んだテーマだ。

日本ハムに入団して間もない頃、大谷翔平（エンゼルス）をインタビューしたことがある。

彼は休みの日であっても、必ず練習をしていた。

練習熱心。そんな安っぽいレッテルを貼られるのが嫌だったのか、さらりとこう言った。

「小さい頃、バッティングセンターによく遊びに行ってたんですけど、あれと同じような感覚ですよ」

それまで見ていた景色がガラリと変わるような言葉だった。

超一流は、やはり言うことが違う。

もちろん、ほとんどのプロ野球選手が、野球を始めたばかりの頃は楽しくて仕方なかったはずだ。だが、レベルが上がれば上がるほど、そんな余裕は失われていく。プロのレベルでも小学校の頃の感覚を持ち続けられること、それこそが大谷が何十年かに一度の才能であることの証左であるように思われた。

ただ、できれば私も、そうありたいと思った。がんばっています、という顔をして生きるのは性に合わないし、「遊び」だと思えた方がどんなことも上達が早い。

今の高校生に対し、どんな話をすればいいのか。考えに考えた末、今の自分が高校時代の自分に言いたいこと、それを伝えることこそが最大のメッセージになると思った。

私は中学、高校と野球部に所属していたが、その頃は、時代性もあったのだろう、指導者は「努力」という言葉を金《きん》科《か》玉条《ぎょくじょう》のごとく連発した。そして、私もそれを座右の銘としていた節がある。なので、好きで野球を始めたのに、苦しかった記憶の方が強い。もっと言えば、苦しくなければ嘘だと思っていた。

だが、今はわかる。努力など必要ない。より正確に言えば、努力、努力と言い聞かせなければがんばれないようなものは、向いていないからさっさと辞めた方がいい。

そう、私は高校時代の自分にこう言ってやりたいのだ。

努力なんて、しなくていいよ。

好きな対象ならば自然と集中力は続くし、辛いことでも辛いと感じずに立ち向かえる。そういう分野を少しでも早く見つけた方がいい。

この本に出てきたクワバカたちも、きっとそうだ。「努力」などという言葉はまったく必要としていなかった。もっと言えば、努力がもっとも似合わない人たちだった。

ただ、好きで選んだ道は、難易度が低いかというと、そんなことは決してない。むしろ、目的地にたどり着きたいばっかりに、少々無理をしてでも難しいルートにトライしがちだ。

本書で、私が個人的にほれ込み、もっとも羨ましい人生を歩んでいると感じていたのは定木と吉川だ。彼らも例外ではない。好きで選んだ人生だが、失敗もし、怪我もした。

定木は今の人生を「悔いている」と告白する。

その大半は、親に対する自責の念だという。両親は定木のクワガタ採集をことさらとがめることはなかったが、大学に進学し、普通に就職して欲しかったはずだと思いを汲《く》み取る。

今も「親の心情を考えると、胸が潰れそうになる」そうだ。

昆虫ビジネスで経済的安定を実現できたのならまだしも、定木の生活はじつに慎ましい。同業者の中には大成功を収め、高級外車に乗っているなどという話もよく聞くが、定木はそんな暮らしとは無縁だ。

二〇一八年一月、定木は病気で父を亡くした。沖縄にいて、看取ることはできなかったという。

「出棺のときは、感謝と謝罪の言葉が、思いがけず、ほとばしりましたね……」

第4章を書くにあたって「インドネシア」「昆虫」と打ち込んで、調べものをしていたときだった。

〈邦人3人を強制送還　昆虫採集で拘束「資源採取」許可必要〉

このような見出しのついた『じゃかるた新聞』のネットニュースがひっかかった。

昆虫採集をしていた日本人三人が出入国管理法違反の疑いで摘発され、日本へ強制送還されるとのことだった。日付は、二〇一九年四月一六日となっていた。

最初は軽く読み流しただけで、まったく気に留めていなかった。

ただ、吉川の章を書き終え、細かな事実関係を調べているときに、ある同業者のツイッターに拘束された三人のうちの一人は〈Y氏〉であるという表記があった。

Y？

『じゃかるた新聞』の記事を改めて読むと、〈インドネシア在住の男性（50）〉と書いてある。Y、昆虫採集、インドネシア在住、五〇歳。四つもそろってしまった。もはや疑いようもなかった。

知り合いに確認すると、インドネシア在住の男性は、やはり吉川であることがわかった。それよりも前に、原稿を書きながら、いくつか確認事項があったため、吉川とメールのやり取りをしていた。そのとき、日本に帰ってきているということだったので、新型コロナの影響で、一時的に日本に避難しているのだとばかり思っていた。

昨年の四月に強制送還されていたとは。

とにかく声が聞きたかったので、すぐに電話をかけた。回りくどくない方がいいと考え、単刀直入に聞いた。

「強制送還されちゃったんですか？」

「そうなんですよ～」

そう言って、けたけたと笑っていた。

どこかで予想していたリアクションだった。

ショックを受けなかったはずがない。だが、もうだいぶ時間は経っている。どこまで回復しているかは電話ではわからなかったが、ひとまず、笑って取り繕《つくろ》うことができるまでにはなっているようだった。

『じゃかるた新聞』の報道だけではよくわからなかったので、なぜ、強制送還されてしまったのかを尋ねた。いろいろと不可解な点があった。うかつなことは書けないので詳細は省くが、アンラッキーとしかいいようがない。吉川は生き馬の目を抜くような異国で商売をするには無邪気で、無防備過ぎたのかもしれない。

吉川は現在、親戚が経営している愛知県の会社で経理の仕事をしているという。毎日、スーツを着ているそうだ。

拷問ではないか……。

一万五〇〇〇ルピアのTシャツと、サンダルはどうしたのだろう。

電話だと、どうしても「元気でいらっしゃいますか?」とありきたりな問いかけになってしまうのがもどかしかった。

「暑いところに慣れちゃったんで、日本は寒くてしょうがない。あとは向こうの生活ペースに慣れてましたからね……。大変ですよ」

月曜日から金曜日は会社に出社し、土日は、できる範囲で昆虫ビジネスを続けているそうだ。

「向こうにはまだスタッフもいますからね。従業員の給料も払わないといけないので」

強制送還されると六カ月間はインドネシアに入国できなくなるが、今なら、もう戻ることはできるという。ただ、今は、まだそういう気にはなれないようだった。

愛知に住んでいる吉川を想像すると、切なくて仕方がなかった。また、ストレス太りしているのではないかと思ったが、今も六〇キロをキープしているという。

一つだけ、嬉しいニュースがあった。図鑑づくりはあきらめていなかった。

「まだまだ標本を集めないといけないんですけど、もう図鑑づくりは始めてます。現地のスタッフに写真の撮り方などは教えてますから。でも、こういうことがあって、早く始められてよかったな、と。いざ、始めてみると、とても十年ではできないんじゃないかって感じですから。何十年もかかるんじゃないかと思えるくらい」

帰宅もできぬまま強制送還されてしまったので、一三・一センチのコーカサスはインドネシアの自宅に置いたままだという。

何かを「バカ」呼ばわりされるほど好きになること。それは苛烈《かれつ》な体験である。その選択によって自分の人生が台無しになるかもしれないというのに、本人には、その道しか見えていない。百人中百人が「やめておいた方がいい」と言っても、その助言は本人には絶対に届かない。

この取材を通し、クワガタを愛し過ぎるあまり、人生を転げ落ちてしまった人、あるいは、ギリギリぶら下がっている人の話もたくさん聞いた。そして、そんな人の話には必ず「あの人も、趣味でとどめておけばよかったのに……」という憐憫《れんびん》の情が添えられる。

しかし、それができていれば、誰も苦労はしないのだ。頭のどこかでわかっていても、時として、無謀だ、無茶だと言われる道を、それゆえに選んでしまうのが人間でもある。

だからこそ、人は愛らしい。

そんな彼らは決して「敗者」ではない。

人の一生において、他人に話す価値のある出来事など、ごくわずかだ。しかし、私が彼らについて書いたことは、彼らの思い出の中の何百分の一、何千分の一程度に過ぎない。彼らの中には、まだまだいくらでも「話」が眠っている。

彼らは虫と関わっているとき、少なくとも、人生に倦《う》むことなど皆無だったはずだ。それがリスクと引き換えに得た最大の報酬である。

昨今、人生を「勝ち組」「負け組」といった分け方をする嫌いがある。その基準は、おそらく収入だろう。

ただし、その二分法だと、確実にこぼれ落ちるものがある。幸福の価値観である。

その一つを指し示してくれたのがクワバカたちだった。

幸福とは――。

それは、好きという「業《ごう》火《か》」に、一度でもいいから、身を投じたか、投じなかったか、である。

スマトラ遠征の仲間たち。後列左から飯島氏、筆者、吉川氏

中村計（なかむらけい）
1973年生まれ。ノンフィクションライター。千葉県船橋市出身。同志社大学法学部政治学科卒業後、某スポーツ新聞社に入社するも7カ月で退職。以降、スポーツを中心に様々なノンフィクション作品を発表している。著書に、『甲子園が割れた日』（新潮社、第18回ミズノスポーツライター賞最優秀賞）、『勝ち過ぎた監督』（集英社、第39回講談社ノンフィクション賞）など多数。好きなクワガタはノコギリクワガタ。

クワバカ　クワガタを愛《あい》し過《す》ぎちゃった男《おとこ》たち

2020年8月30日初版1刷発行

著　者 —— 中村計
発行者 —— 田邉浩司
装　幀 —— アラン・チャン
印刷所 —— 堀内印刷
製本所 —— ナショナル製本
発行所 —— 株式会社光文社
東京都文京区音羽1-16-6（〒112-8011）
https://www.kobunsha.com/
電　話 —— 編集部03（5395）8289　書籍販売部03（5395）8116
業務部03（5395）8125
メール —— sinsyo@kobunsha.com

　ISBN 978-4-334-04487-9

1050
ONE TEAM《ワンチーム》のスクラム
日本代表はどう強くなったのか？
増補改訂版『スクラム』

松瀬学

2019年の流行語大賞にも輝いた「ONE TEAM」。その象徴はスクラムだ。長谷川慎コーチ、堀江翔太、稲垣啓太、具智元が明かす、フィジカル勝負、心理戦、頭脳戦の攻防。

978-4-334-04460-2

1051
段落論
日本語の「わかりやすさ」の決め手

石黒圭

段落を意識すると、文章力はもちろん、読む力や話す力までも伸ばすことができる――思考をわかりやすく整理してくれる「段落」の可能性を、日本語研究の第一人者が明らかにする。

978-4-334-04461-9

1052
期待値を超える
僕が失敗しながら学んできた仕事の方法

松浦弥太郎

情けない失敗だって、むしろチャンスなんだ。仕事で苦しい思いを抱えていても、自信は取り戻せる。元『暮しの手帖』編集長による、勇気がわいて少しだけ前向きになれる仕事論。

978-4-334-04462-6

1053
女性リーダーが生まれるとき
「一皮むけた経験」に学ぶキャリア形成

野村浩子

女性の思考と行動が社会を変える――。四半世紀にわたって女性リーダーの取材を続けてきた著者が国内外の女性役員にインタビュー。キャリア形成のヒントを探る。【推薦・金井壽宏】

978-4-334-04463-3

1054
自己分析論

高橋昌一郎

「私とは何か」は答えのない問いだから、日本の学生が苦しんで当然。就活で便利ツールを使った攻略法から人生における「本当の自分発見」まで。探究を続ける人のための道案内。

978-4-334-04464-0

1055
搾取される研究者たち
産学共同研究の失敗学
山田剛志

突然届いた特許の「権利放棄書」、企業からの無理難題、研究者を守らない大学、心を病む助教、院生、学生……。産学共同研究政策は、研究者のためになっているのか？

978-4-334-04465-7

1056
芸術的創造は脳のどこから産まれるか？
大黒達也

創造性とは何か？　脳科学や計算論、人工知能に関する膨大な論文を通じて、「天からの啓示」とされる閃きのメカニズムを解析。カギは「脳の潜在記憶」にあった。

978-4-334-04466-4

1057
「自分らしく生きて死ぬ」ことがなぜ、難しいのか
行き詰まる「地域包括ケアシステム」の未来
野村晋

何が「地域包括ケア」の実現を不可能にしているのか。現役厚労官僚が柏市や岡山市での実践を基に具体的な行政手法を紹介。自治体や医療・福祉関係者、企業や市民に次の一歩を促す。

978-4-334-04467-1

1058
ぼくが見つけたいじめを克服する方法
日本の空気、体質を変える
岩田健太郎

自らもいじめられっ子だったという著者が、数々の経験の末に導き出した克服法とは。ダイヤモンド・プリンセス号の告発で注目の感染症医による、同調圧力を打ち破るための一冊。

978-4-334-04474-9

1059
ホークス3軍はなぜ成功したのか？
才能を見抜き、開花させる育成力
喜瀬雅則

千賀滉大、甲斐拓也、牧原大成、石川柊太、周東佑京、大竹耕太郎――なぜホークスだけが3軍制で大成功を収めたのか？　多くの選手・関係者への取材を元に解き明かす。

978-4-334-04470-1

1060

管理栄養士が伝える

長生き食事術

人生100年時代の「新・栄養学」入門

麻生れいみ

「食」を変えればカラダと人生が変わる――。明日の健康を手に入れる、未来の病気のリスクを減らすための「日常生活で何をどう食べるか」。シーン別の食事マネジメント術も公開。

978-4-334-04471-8

1061

深宇宙ニュートリノの発見

宇宙の巨大なエンジンからの使者

吉田滋

南極点の氷河に突き刺さった「宇宙からの使者」とは？ 日本の物理学分野の最高峰・仁科記念賞を受賞した著者による、「高エネルギーニュートリノ」の発見をめぐるスリリングな物語。

978-4-334-04472-5

1062

フェイクニュース時代を生き抜く

データ・リテラシー

マーティン・ファクラー

虚偽に流され情報の蛸壺に陥らない方法をNYタイムズ元記者が指南。V字回復した同社にメディア再興の道も探る。日本の新聞は権力を離れて調査報道に注力し、紙信仰を捨てよ！

978-4-334-04473-2

1063

業界破壊企業

第二のGAFAを狙う革新者たち

斉藤徹

アマゾン、ウーバーなどに代表される、業界秩序や商習慣にとらわれず、斬新なビジネスモデルやテクノロジーによって、業界で〝一人勝ち〟する企業を一挙紹介。【大前研一氏、推薦】

978-4-334-04475-6

1064

歴史秘話

外務省研修所

知られざる歩みと実態

片山和之

外交官・人間としての「7つの美徳」と「『勘』の養い方」とは？ 華やかな外交の表舞台の対極に位置し、国家の命運をも左右しかねない「黒子の存在」を、現役の所長が初めて綴る。

978-4-334-04434-3

1065
笑わせる技術
世界は9つの笑いでできている
西条みつとし

「共感」「自虐」「裏切り」「安心」「期待」「無茶」「発想」「リアクション」「キャラクター」――日常会話から合コン、商談、スピーチ、お笑いのプロを目指す人まで使える新教科書。

978-4-334-04459-6

1066
「高学歴ワーキングプア」からの脱出
水月昭道

『高学歴ワーキングプア』刊行から13年、研究者であり僧侶でもある著者が、紆余曲折ありながらも行き着いた境地とは？　元ポスドク、前野 ウルド 浩太郎氏との対談を収録。

978-4-334-04476-3

1067
日本の少子化対策はなぜ失敗したのか？
結婚・出産が回避される本当の原因
山田昌弘

1・57ショックから30年、出生率の低迷が続く日本。家族社会学者である著者が、少子化対策の的外れだった点を分析。いま直視すべき、日本に特有の傾向・意識、そして変化とは？

978-4-334-04468-8

1068
炎上ＣＭでよみとくジェンダー論
瀬地山角

炎上する広告には必ず理由があり、近年その多くがジェンダーへの無理解を背景としている。炎上の構造を4つの象限で捉え直す、東大名物講義の「番外編」。

978-4-334-04469-5

1069
日本の映画産業を殺すクールジャパンマネー
経産官僚の暴走と歪められる公文書管理
ヒロ・マスダ

「日本再生の柱」と叫ばれたクールジャパン政策はなぜ失敗したのか？　現役映画プロデューサーが官民の腐敗と怠慢を暴くとともに、「現場」に効く改革案を提言する。

978-4-334-04448-0

光文社新書

1070

座右の世阿弥
不安の時代を生き切る29の教え

齋藤孝

「いま、ウケることをやる」「思い込みにとらわれない」……。世阿弥の『風姿花伝』『花鏡』には「名言」が満載だ。その世阿弥の言葉を、今日的なわかりやすい表現で一挙紹介する。

978-4-334-04477-0

1071

高城式健康術55
医師が教えてくれない家庭の医学

高城剛

「僕は心地よく生きるために健康に気を配っている」——絶えず世界各地を行き来しつつ活躍を続ける著者が、パフォーマンスの質を保つために注目・実践する次世代の最新医療とは。

978-4-334-04478-7

1072

沖縄から貧困がなくならない本当の理由

樋口耕太郎

「沖縄問題」を突き詰めることは、日本の問題を突き詰めることであり、それは、私たち自身の問題を突き詰めることだ——。「コロナ後の世界」のありかたをも問う、鮮烈の問題作。

978-4-334-04479-4

1073

ＡＶ女優の家族

寺井広樹

親にはデビュー前に話したのか、兄妹には何を伝えたのか、そして子供には自分の仕事を明かすのか？　女優たちが赤裸々に語る「家族」の話から、新しい時代が見えてくる。

978-4-334-04480-0

1074

ＡＩとカラー化した写真でよみがえる戦前・戦争

庭田杏珠
渡邉英徳

戦前から戦後の貴重な白黒写真約３５０枚を最新のＡＩ技術と、当時者への取材や資料をもとに人の手で彩色。カラー化により当時の暮らしがふたたび息づく。

978-4-334-04481-7

光文社新書

1075

文学こそ最高の教養である

駒井稔＋「光文社古典新訳文庫」編集部 編著

社会を、人間を、広く深く知るのに最も役立つのが文学だ——。紀伊國屋書店新宿本店の人気イベントが書籍化。名翻訳者14人が初歩的な所から語りでナビゲートする古典文学入門編。

978-4-334-04482-4

1076

天文学者が解説する 宮沢賢治『銀河鉄道の夜』と宇宙の旅

谷口義明

賢治には未来が見えていた——。このユニークな童話はどのように構想され、賢治は宇宙に何を見ていたのか。これまでにないアプローチで作品の魅力に迫る。【渡部潤一氏推薦!】

978-4-334-04483-1

1077

南極で心臓の音は聞こえるか 生還の保証なし、南極観測隊

山田恭平

「南極大陸の奥に進むと、静かすぎて己の心臓の音が聞こえるという」——そんな伝説めいた話から南極を目指した著者による、1年4カ月の滞在記。南極観測隊のリアルが分かる一冊。

978-4-334-04484-8

1078

子規を「ギャ句」る 名句をひねると「ギャ句」になりました

夏井いつき

名句をひねって味わう遊びへの誘い。俳句の辛口先生が正岡子規をギャ句った作品を募集し採点。原句があるから誰でも始められ知識と技を同時習得。最小変化で最大効果を狙え!

978-4-334-04485-5

1079

小池百合子　権力に憑かれた女 ドキュメント東京都知事の1400日

和田泰明

【緊急出版!】メディアの特性を熟知した政治家・小池百合子。築地市場移転、東京五輪、新型コロナ対策など、4年間の彼女の実績を、「週刊文春」記者が徹底取材で明らかにする。

978-4-334-04486-2

1080
クワバカ
クワガタを愛し過ぎちゃった男たち
中村計

「クワバカ」とは、クワガタを愛し過ぎて、人生を賭してしまった男のこと。そんな男たちの人生を生き生きと描く傑作〝昆虫〟ノンフィクション、ついに刊行。クワガタ沼へようこそ!

978-4-334-04487-9

1081
新型コロナから見えた日本の弱点
国防としての感染症
村中璃子

世界の多くの国で、新興・再興感染症は国防の要である。ＷＨＯでの勤務経験を持つ医師・ジャーナリストが、新型ウイルスとの闘いを外交・国防、ビジネスの観点から捉え直し伝える。

978-4-334-04489-3

1082
「文」とは何か
愉しい日本語文法のはなし
橋本陽介

なぜ文法の授業はつまらないのか? 本書は「文」とは何かというそもそもの話から論を起こす。誰もが退屈さを覚えた「文法」について、若き研究者がイメージを一新する。

978-4-334-04488-6

1083
面白いことは上司に黙ってやれ
日本発の新ビジネスを生み出すには?
春日知昭

日本で創造的なビジネスがうまくいかない理由とは? ソニーでＡＩＢＯの開発などに携わったロボット開発者が、日本が世界で再び存在感を示すための考え方を記す。【松尾豊氏推薦!】

978-4-334-04490-9

1084
おとなの発達障害
診断・治療・支援の最前線
岩波明監修　小野和哉
林寧哲　柏淳ほか

ＡＤＨＤ、ＡＳＤ、ＡＤＨＤとＡＳＤの併存、発達障害と愛着障害との関連、二次障害、就職・仕事——臨床医・支援者が、最新の知見に基づき、皆さんの困りごとに答えます。

978-4-334-04491-6